# 印刷工艺

## YINSHUA GONGYI

杨中华 编 著

重庆大学出版社

图书在版编目（CIP）数据

印刷工艺 / 杨中华编著.--重庆：重庆大学出版
社，2024.11
高等院校艺术设计专业基础教材
ISBN 978-7-5689-4260-7

Ⅰ.①印… Ⅱ.①杨… Ⅲ.①印刷—生产工艺—高等
学校—教材 Ⅳ.①TS805

中国国家版本馆CIP数据核字（2024）第017281号

高等院校艺术设计专业基础教材
# 印刷工艺
YINSHUA GONGYI

杨中华　编著

责任编辑：蹇　佳　　版式设计：蹇　佳
责任校对：王　倩　　责任印制：赵　晟

\*

重庆大学出版社出版发行
出版人：陈晓阳
社址：重庆市沙坪坝区大学城西路21号
邮编：401331
电话：（023）88617190　88617185（中小学）
传真：（023）88617186　88617166
网址：http://www.cqup.com.cn
邮箱：fxk@cqup.com.cn（营销中心）
全国新华书店经销
重庆金博印务有限公司印刷

\*

开本：787mm×1092mm　1/16　印张：9.5　字数：234千
2024年11月第1版　　2024年11月第1次印刷
印数：1—3 000
ISBN 978-7-5689-4260-7　　定价：66.00元

# 前　言

印刷是对原稿的批量复制。

印刷是艺术与技术的融合。

印刷是人类智慧的结晶和文明的成果。

印刷从远古走来，穿越悠悠岁月，承载着数千年的文化传承，不断与时俱进。至今，它仍然焕发着青春的活力，光彩依旧。

印刷品承担着传承文明、积累知识和传播文化的任务，同时还具有阅读和欣赏价值。在互联网迅猛发展之初，有人预言印刷品的使用量将会因为信息技术的普及而减少，甚至被网络、多媒体等取而代之。然而在网络、通信技术高度发达的今天，印刷品依然是重要的视觉产品之一。随着时代的发展，印刷品结构确实发生了变化，宣传单、招贴和产品说明等印刷品数量逐渐减少且有被多媒体替代的趋势，但产品包装、书籍类印刷品数量却在增加，质量也在不断提升。在当今这个物质极大丰富的时代，印刷品犹如人们的精神食粮，贯穿于人们的学习、生活和工作之中。

今天，传统的印刷工艺借助计算机、网络技术升级为数字印刷，数字打样、数字印刷、数字化工作流程、计算机直接制版、计算机直接成像、色彩管理等成为印刷行业的常规作业方式，形成了以数字化、标准化、流程化和快速化为基础的全新生产工艺。为此，我们要以科学、求实的态度学习和掌握相关的关键印刷技术，致力于艺术设计与印刷工艺的结合，使印刷技术上升为印刷艺术，并运用最佳印刷技术手段来表现多姿多彩的艺术设计作品，将优质而富有创意的印刷视觉艺术品提供给消费者。

全书融汇了作者多年积累的教学和工作经验，以数字化为核心，以方法与制作程序为重点，探讨印刷设计的方法、语言和规律，详细阐述印前、印中和印后三个阶段的基础理论、方法和工艺流程，将理论知识融入实践案例之中，旨在提高学生的专业素质和实践能力，规范印刷操作和普及基础知识。

本书是在 2009 年 1 月出版的基础上升级改版，加入新内容的同时删减了过时的部分，更加切合当前印刷行业实际以及艺术设计教育需求。本书内容充实、素材新颖、逻辑清晰、重点突出、实用性强，适合作为艺术设计专业、印刷专业的教材，也可作为从事印刷、出版行业相关专业人员的参考书籍。

由于作者水平及编排时间有限，难免有疏漏、不妥之处，敬请各位老师和同行批评指正。

希望这本印刷技术和设计艺术融合得颇具创意的教材，在中国的设计教育领域发挥出其应有的作用。

杨中华

2024 年 1 月

# 目录

CONTENTS

# 1 印刷概论

## 1.1 印刷起源与历程

### 1.1.1 印刷起源

印刷术是我国古代四大发明之一，是人类文明史上的光辉篇章。它使得珍贵的典籍得以千载流传，促使人类文化有了长足的进步，对人类文明和社会发展产生了深远的影响。

#### 1）文字的产生

我国的文字是从远古的结绳、刻木记事开始，后演进到在龟甲、兽骨、金属、石头上雕刻记事，逐渐形成了今天使用的汉字，其中许多字具有象形的特点（图1-1、图1-2）。

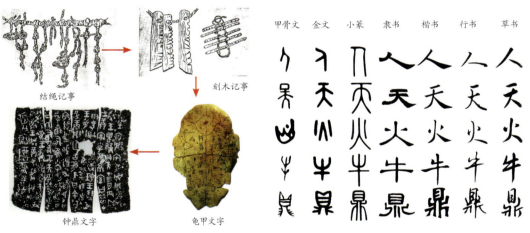

图 1-1　早期汉字的逐渐演进　　　　　　　图 1-2　汉字的演变

#### 2）笔、纸、墨的发明

笔、纸、墨的相继发明，为文字的存留创造了必要的物质基础。

毛笔的起源可追溯到新石器时代。据考古发现，距今五千多年的出土文物上已有毛笔描绘的纹饰痕迹，这证实了当时已存在毛笔或类似毛笔的书写工具。毛笔涂画便捷、经久耐用，经由历代相传、不断改进，成为上好的书写工具，并沿用至今。

东汉和帝年间，蔡伦改进民间造纸方法，用树皮、麻头、敝布、渔网作纸，制成了质地优良的植物纤维纸，也称"蔡侯纸"。造纸术的进步，引起了书写材料的革命，方便了人们的书写，便利了文化的交流和保存，推动了我国文化的发展，对世界文化的发展也起到了重大作用。

到了3世纪，我国制成了烟炱墨，这种墨用松烟和动物胶配制而成，易溶不晕、色浓不脱，非常适合书写和印刷（图1-3）。

| 毛笔 | 植物纤维纸 | 墨 |

图1-3　我国传统书写工具

### 3）盖印与拓石

从印刷技术的角度来看，印章相当于印版，盖印即是印刷，而雕刻印章，则属制版（图1-4、图1-5）。

图1-4　玉石、金属印章与盖印效果

熹平石经残石拓片　　　　　　　唐兰亭序碑文拓片

图1-5　碑石刻文拓片

## 1.1.2　印刷术的发明与演进

### 1）雕版印刷术

　　雕版印刷术是我国古代应用最早的印刷术，发明于唐朝。其工艺过程如下：将需印刷的文字或图像，书写（画）于薄纸上，再反贴于木板表面，由刻版工匠雕刻成反体凸字，成为凸版；印刷时，先在印版表面刷墨，然后将纸张覆于印版，用干净的刷子均匀刷过，揭起纸张后，印版上的图文就会清晰地转印到纸张上（图1-6）。

　　868年我国印刷的《金刚经》卷，是现存载有明确日期的、最早的雕版印刷品。

古代木雕版　　　　　　　　　　　《金刚经》印刷品

图1-6　古代木雕版与印刷品

### 2）活字版印刷术

　　活字版印刷术是指我国宋朝庆历年间（1041—1048年）毕昇发明的胶泥活字印刷术，这是我国继雕版印刷后的又一伟大发明。毕昇发明的活字版印刷术，采用胶泥活字排版，从造字、排版到印刷都有明确的方法，与雕版印刷相比，活字版印刷术既经济又方便，具有明显的优越性，因而逐渐取代了雕版印刷术（图1-7、图1-8）。

图1-7　胶泥活字排版　　　　　　　　　　图1-8　毕昇浮雕像

### 3）现代金属活字印刷术

15世纪中叶，德国人谷登堡发明铅活字印刷术，成为现代印刷术的创始人。

谷登堡用作活字的材料是铅、锡、锑合金，这种成分易于成型，制成的活字印刷性能优良，活字成分的配比，至今也没有太大的改变。他在活字材料的改进、脂肪性油墨的应用以及印刷机的制造等方面都取得了巨大的成功，使世界范围内印刷术的发展有了一次质的飞跃，奠定了现代印刷术的基础（图1-9、图1-10）。

图1-9　谷登堡像

图1-10　铅活字

### 4）印刷史上的四次变革

①第一次变革：我国唐朝的木雕版、宋朝毕昇的胶泥活字。

②第二次变革：15世纪中叶，德国人谷登堡发明铅活字印刷术，奠定了现代印刷术的基础。

③第三次变革：19世纪50年代，照相制版术的发明，解决了图形、图像的印刷复制问题。

④第四次变革：20世纪80年代，开启以电子、激光、计算机等技术作业方式的数字化进程。

## 1.1.3　我国印刷术向国外的传播

我国的印刷技术逐渐向世界各地传播。日本现存最早的印刷物是《陀罗尼经咒》，约印于770年，这表明中国的印刷术这时已经传入了日本。在1000年左右，中国的印刷术传入朝鲜，印刷了《高丽大藏经》。后来中国的印刷术传遍东南亚，并经过丝绸之路传到欧洲，促进了现代印刷术的产生（图1-11）。

图1-11　现代版《高丽大藏经》

## 1.1.4　印刷术的发展趋势

印刷技术随科技的发展而同步发展，纵观国内外印刷技术，都在以环保、节能、减排、高效为中心不断进步。

### 1）绿色印刷

绿色印刷是指对生态环境影响小、污染少、节约资源和能源的印刷方式。绿色印刷要求与环境协调，包括环保印刷材料的使用、印刷生产的清洁、印刷产品的安全以及印刷物品的回收和循环，即印刷品从原材料选择、生产、使用、回收等整个生命周期均应符合环保要求。

绿色印刷于 20 世纪 80 年代出现，经三十余年的发展，现已从概念讨论阶段进入了实际应用阶段。无论在理念、技术标准、设备工艺、原辅材料还是软件应用等方面，都取得了极大的发展，并且日趋成熟。

2010 年 9 月，新闻出版总署与环境保护部共同签署《实施绿色印刷战略合作协议》，正式揭开了我国绿色印刷发展的帷幕。2011 年 3 月，环境保护部发布《环境标志产品技术要求　印刷　第一部分：平版印刷》（HJ 2503—2011），自此绿色印刷有了明确的准入门槛。2012 年秋季开始，全国小学教科书已采用绿色印刷。

### 2）FM 调频网点

FM 调频网点（Frequency Modulated Screen）是在单位面积内网点大小不变，通过网点的疏密反映图像的色调层次。网点密的部位图像色调深，网点疏的部位图像色调浅。调频网点是由非常小的像素（10~20 um）在区域内不规则地随机分布，也称为随机网点。在调频网点中点子越小，就越能复制更多的色调和色彩，因此需要用高性能的计算机来完成其网点算法。相对于传统的 AM 调幅网点（Amplitude Modulated Screen），调频网点不会产生龟纹。龟纹是周期性构成相互作用的结果，而调频网点的排列是无规律的，不存在网点的角度，所以几块色版叠合也不会出现龟纹。另外，调频网点对印刷制版过程中出现的套版误差不敏感，所以各版之间的错位对色彩和清晰度的影响较小。

FM 网能避免 AM 网的 CMYK 四色必须以人工规则几何排列网线角度的错网问题，因而表现力更好，所以四色、六色、七色、八色印刷也不必转角度来避免发生撞网的情况，以约50% 低分辨率就可以达到 AM 网现有技术的细致程度，也就是以更细密的网点粒子达到更高表现力，2400 dpi 为常用型，3600 dpi 因目前技术不成熟、成本较高等原因尚未普及应用（图1-12 ~ 图 1-15）。

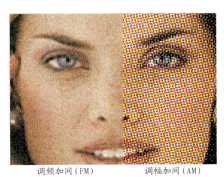

调频加网（FM）　　　调幅加网（AM）

图 1-12　调幅加网（AM）与调频加网（FM）印刷的效果对比

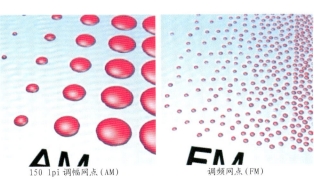

150 lpi 调幅网点（AM）　　　调频网点（FM）

图 1-13　调幅网点（AM）与调频网点（FM）的示意图

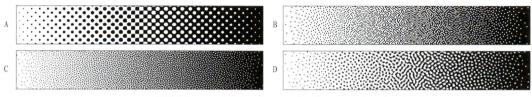

A. 调幅网点　B. 一级调频网点　C. 二级调频网点　D. 视必达混合网点

图 1-14　各网点图

175 1pi
调幅网

175 1pi
调幅网

视必达
加网

视必达
加网

图 1-15　视必达混合网点与传统调幅网点比较

## 3）无水胶印

无水胶印（waterless offset printing）是在平版上用斥墨的硅橡胶层作为印版空白部分，不需要水润版，用特制油墨印刷的一种平印方式。

无水胶印的优点是绿色环保，能使印刷网点更锐利，能达到更高线数和反差，能具有更大的色调空间。其关键技术是特殊的印版（无水印版）、特殊的油墨（无水印刷油墨）、温度可控的供墨单元。无水印刷技术现今仍不普及，但日渐成熟（图1-16～图1-19）。

图 1-16　高宝 KBA CORTINA 无水轮转胶印机

图 1-17　高宝 KBA CORTINA 无水轮转胶印机示意图

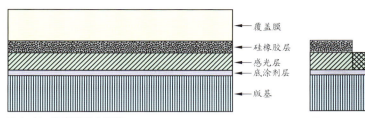

图 1-18 阳图型无水平版

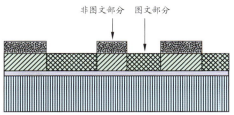

图 1-19 无水胶印曝光后的印版

#### 4）柔性版印刷

柔性版印刷（简称"柔印"）是使用柔性印版，通过网纹辊传递油墨的方法进行印刷，是凸版印刷工艺的一种。柔性印版的图文部分凸起，印刷时网纹辊将一定厚度的油墨层均匀地涂布在印版图文部分，然后在压印滚筒压力的作用下，将图文部分的油墨层转移到承印物的表面，形成清晰的图文。柔性版印刷机的输墨机构通常是两辊式输墨机构。

由于计算机激光直接制版系统能直接在柔印版上进行数字成像，因此省去了印刷胶片，许多烦琐的印前处理步骤不再成为必要。柔印只有凹印 50% 左右的二氧化碳排放，通过使用专色到普通四色的转换，减少油墨和材料的浪费，在降低成本的基础上更好地保护环境。由于成本和效率上的优势，柔印已成为越来越具有竞争力的印刷方式（图 1-20）。

图 1-20 柔性版印刷机

#### 5）组合印刷

组合印刷是由各种类型的印刷和印后加工机组组成的流水生产线。组合印刷中可混合使用柔印、丝印、凸印、胶印等多种印刷工艺。组合印刷是在单一的印刷工艺无法满足客户精细化、高质量的需求的前提下产生的。

目前，组合印刷采用全数字驱动技术、全电脑自动化控制，把各种印刷和后加工的优点结合在一起，同时也避免各种印刷和后加工的缺点。组合式印刷以其出色的印刷质量和技术表现，成为当今印刷行业的热点，也代表了印刷行业的新趋势。

组合印刷提供了一个创新的平台，使印刷工艺可以任意组合，印刷设计更自由。由于产品在一台机器完成所有印刷和后加工，不需要搬运、储存等中间环节，生产加工方便、节约成本，且产品质量容易控制，从而提高了生产效率。组合印刷主要组合形式有：柔印＋胶印、柔印＋丝印、柔印＋凹印、柔印＋丝印＋胶印、柔印＋丝印＋凹印、柔印＋丝印＋胶印＋凹印、柔印＋丝印＋胶印＋凹印＋数字印刷（图 1-21）。

图 1-21　联线柔印＋数字喷墨印刷机

### 6）高保真彩色印刷技术

高保真彩色印刷的概念由来已久，它的出现标志着印刷业开始跨入一个崭新的彩色印刷时代。

高保真印刷（Hi-Fi Color Printing）是在 CMYK 四色印刷的基础上增加几种专色印刷，如使用红、绿、蓝、橘黄等颜色来改善印刷颜色的再现性、真实性。在采用更好的油墨进行印刷时，由于多色，有的四色印刷中的两次色就可以用高保真中的原色来代替，使色彩更饱满。随着人们对美好生活追求的不断提升，大众对印刷品质量的要求也越来越高，高保真印刷技术已被印刷行业广泛应用，其目的是扩大色彩再现范围，更逼真地反映自然，达到更高的印刷质量水平。如印刷有草莓的画面时，可以增加红色版和绿色版，使草莓果实的大红色和叶子的绿色显得更加纯净、逼真，整个画面更生动、鲜艳（图 1-22）。

图 1-22　高保真水果印刷

### 7）CTP 制版

CTP（Computer to Plate）是从计算机直接到印版的过程，是一种数字化激光印版成像技术。

CTP 版材按制版成像原理分为感光 CTP 版材、感热 CTP 版材、紫激光 CTP 版材和其他 CTP 版材四种类型。感光 CTP 版材包括银盐扩散型版材、高感度树脂版材和银盐 /PS 版复合型版材。感热 CTP 版材包括热交联型版材、热烧蚀版材和热转移版材等，是目前使用较多的制版技术。成熟 CIP 版材在制版设备上曝光成像后，无须化学显影、冲洗等后续处理工序，是真正意义上的免处理版材。

CTP 的特点是减少制版环节、减少废物料排放、节时省力、充分提高印刷效率（图 1-23）。

CTP制版
工作场景

### 8）数字印刷

数字印刷（digital printing）是从计算机到承印物（如纸张）的过程，即直接把数码文件转换成印刷品的过程。它是全数字化生产过程，工序间不需要胶片和印版，无传统印刷的烦琐工序，其特点是可实现异地印刷、远距离印刷、可变信息印刷。数字印刷品的信息可以是 100% 的可变信息，即相邻输出的两张印刷品可以完全不同，有方便快捷、灵活高效、无须起印量等优势。

数字化是当今印刷技术发展的趋势，已经贯穿整个印刷产业，正在构筑一种全新的数字智能化生产环境和技术应用（图 1-24、图 1-25）。

图 1-23  CTP 制版机

图 1-24  HP Indigo 7600 数码印刷机

图 1-25  高宝 RotaJET 130 喷墨数码印刷机

## 1.2 印刷品分类

### 1.2.1 按使用功能分类

印刷品按使用功能可分为办公类、宣传类、生产类、文化类（图1-26）。

①办公类　指信封、信纸、办公表格等与办公有关的印刷品。

②宣传类　指折页、海报、产品手册、宣传单等与企业宣传或产品宣传有关的印刷品。

信封

信纸

折页

海报

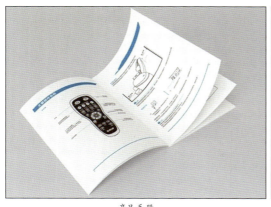

产品手册

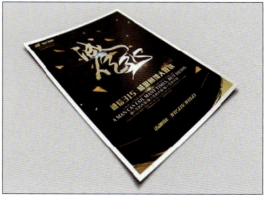

宣传单

包装盒

不干胶标签

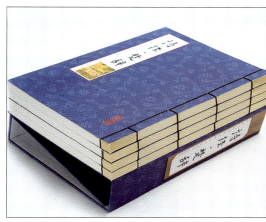

线装书籍

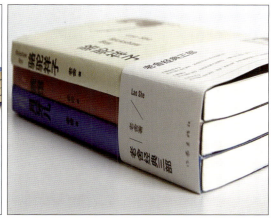

平装书籍

精装书籍

画册

图 1-26 按使用功能分类的各种印刷品

③生产类 指包装盒、不干胶标签等与生产产品直接相关的印刷品。

④文化类 指书籍（文字类）、画册等与文化传播有关的印刷品。

## 1.2.2　按印刷机分类

### 1）胶版印刷

　　胶版印刷指用平版印刷，多用于四色纸张印刷。其优点是制版工作简便、成本低廉、套色装版准确、PS印刷版复制容易、印刷物柔和软调、可以大数量印刷。其缺点是因印刷时水的影响，色调再现力降低，鲜艳度缺乏，版面油墨表现力只有70%。目前，胶版印刷广泛用于海报、说明书、报纸、包装、书籍、月历等，在印刷领域占统治地位（图1-27～图1-30）。

图1-27　CMYK四色

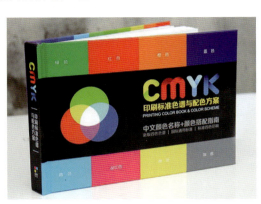

图1-28　色谱与配色方案指南

图1-29　包装印刷产品

图1-30　书籍印刷产品

### 2）凸版印刷

　　凸版印刷属于直接印刷，印版有铅活字版、铜锌版、树脂版和柔性版，其中铅活字版、铜锌版因环境污染、效率低下，逐步被淘汰，现在树脂版和柔性版应用较为广泛。凡是印刷品的纸背有轻微印痕凸起，线条或网点边缘部分整齐，且印墨在中心部分显得浅淡的，大多属于凸版印刷品。凸起的印纹边缘受压较重，因而有轻微的印痕凸起。其优点是油墨表现力约为90%，色调丰富，颜色再现力强，除纸张以外的材料也可印刷。其缺点是制版费较高，制版工作较为复杂，不适合数量少的印件。凸版印刷多用于书刊、票据、信封、名片等，需特殊印后加工的（如烫金、烫银、压凹凸等）也使用凸版印刷（图1-31）。

图 1-31 凹凸工艺产品

### 3）凹版印刷

凹版印刷指用铜板印刷，属于直接印刷，多用于塑料印刷。凹印版是由与原稿图文相对应的一个个凹坑与印版的表面组成，无接缝，能满足大批量或有特别要求的产品印刷需求。其优点是墨层厚实、颜色鲜艳、饱和度高、印版耐印率高、印品质量稳定、印刷速度快等。其缺点是印前滚筒雕刻制版成本高、技术复杂、周期长。凹版印刷品主要有包装、钞券、证券、邮票、装饰材料等。用凹版印刷的钞券，其主要图案用手触摸有明显的凹凸感，有一定的防伪功能，因此凹版印刷在印刷领域有着自己的一席之地（图 1-32、图 1-33）。

图 1-32 食品塑料包装　　　　　　　　　　　　　　　　图 1-33 邮票

### 4）丝网印刷

丝网印刷也称孔版印刷，指用丝网作为版基，通过感光制版方法，制成带有图文的丝网印版。丝网印刷由五大要素构成：丝网印版、刮板、油墨、印刷台和承印物。丝网印刷是利用丝网印版图文部分网孔可透过油墨，非图文部分网孔不能透过油墨的基本原理进行印刷的。其具有印刷适应性强、立体感强、耐光性强、印刷面积大的优点。丝网印刷适应性非常广泛,不仅适用于一般的纸张印刷,还适用于塑料类、陶瓷类、玻璃类、线路板、金属类和纺织类等承印物(图1-34)。

陶瓷花纸印刷

T恤文化衫印刷

线路板印刷

玻璃杯印刷

图 1-34 各类丝网印刷品

### 1.2.3 按材料分类

纸张印刷:最常用的印刷,适用于胶印、丝印、凸印和凹印等。

塑料印刷:多用于包装袋的印刷,常用于凹印、丝印等。

特种材料印刷:指在玻璃、金属、木材等材料上进行印刷,常用于丝印、数码喷墨印等。

## 1.3 印刷五要素

在印刷工艺中实现印刷全过程,必须具备原稿、印版、承印物、油墨、印刷机械五个基本要素。印刷技术的发展,出现了无须压力与印版也能使油墨或其他黏附性色料转移到承印物上的方法,如数字印刷和静电复印等。

### 1.3.1　原稿

原稿（original）是印刷制版所依据的实物或载体上的图、文、色信息。印刷工艺过程就是在印前将原稿归纳为四色或多个颜色，在印刷过程中再进行套色叠印，再现出原稿。原稿的类型、内容、色彩、层次以及清晰度等都会影响到印刷复制质量。因此，在印前工作中，选择和制作适合于制版、印刷的原稿是保证印刷复制质量的重要前提。

#### 1）原稿的分类

①按存在形式可分为数字原稿、模拟原稿和实物原稿。数字原稿是指以光、电、磁性材料作为载体用于印刷的数字原稿，以磁盘形式存储的电子文档或以数码相机拍摄的图片原稿。模拟原稿是指原稿信息以光学形式存储在物理介质上，如文字原稿、图像和图形原稿与印刷品原稿等，这一类原稿必须通过扫描、照相等输入方式处理为数字原稿。实物原稿是指原稿以实物的形式存在，需采用数码相机拍摄，将光学信号转换成数字信号从而实现印刷。

②按原稿是否透明可分为透射原稿和反射原稿。透射原稿的载体是透明的，扫描分色时光源照在原稿的背面，用透射光进行分色，如反转片、负片等。反转片是一种理想的印刷原稿，它是经拍摄、二次曝光、二次显影以及漂白、定影而形成的。反射原稿的载体是不透明的，扫描分色时光源照射正面，用原稿的反射光进行分色处理。

彩色反转片既可以直接印放照片，又可以作为原片用来分色制版印刷，有色彩真实饱和、影像清晰度、明锐度较高等优点（图1-35、图1-36）。

图1-35　彩色负片　　　　　　　　　　　图1-36　彩色正片

③按原稿上图像信息的状态可分为连续调原稿、半色调原稿和线条稿。连续调原稿是指色调值呈连续渐变的原稿，如摄影和绘画领域中都采用由浓到淡、由淡到浓，层次间没有阶段变化，很平滑地移动，完全看不出转变痕迹。半色调原稿是采用网点大小来表示画面阶调的原稿。在

数字印前领域数字半色调是用计算机代替了胶片和半色调网屏，将数字连续图像采用数字图像处理技术分解其像素从而创建半色调。线条稿是由黑白或彩色线条组成的图文原稿，如工笔画、图表、地图及文字等。

### 2）原稿的质量要求

①印刷原稿应洁净、无斑纹、无划痕，且几何尺寸稳定。

②原稿密度范围适合。原稿密度范围是指原稿中最高密度和最低密度之间的变化值。原稿的密度范围比较大，对应的图像层次丰富且包含的细节多；反之，原稿的密度范围比较小，图像层次单调且包含的细节少。由于图像数字化过程中所采用的扫描仪对原稿的最大密度存在识别限制，因此在选择原稿时，总希望原稿具有一个适应于制版的密度范围。

## 1.3.2　印版

印版（printing forme）是用于传递油墨或其他黏附色料至承印物上的图、文、色载体。印版上吸附或滤过油墨的部分为印刷部分（也称图文部分），不吸附或不滤过油墨的部分为空白部分（也称非图文部分）。印版功能相当于一个中间载体，将原稿信息转移到印版上，实现批量复制（图 1-37、图 1-38）。

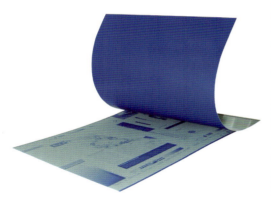

图 1-37　胶印 PS 版　　　　　　　　　　　图 1-38　凹印版辊

按印版上的印刷部分和空白部分相对位置和结构的不同，可分为凸版、平版、凹版和孔版四类，这四类印版的制版材料、制版方法及印刷方式也各不相同。

另外有无须印版也能使油墨或其他黏附色料转移到承印物上的印刷技术，如数字印刷、静电印刷、热转移印刷等直接印刷方式。

## 1.3.3　承印物

承印物（receiver）是指接受油墨或其他黏附色料后形成各种所需印刷品的媒介。按被印材料的不同，承印物有纸张、金属、塑料、纺织品、木材、玻璃等类别。纸张印刷品在人们的日常生活中使用量大，约占 95%，无论凸版、平版、凹版、孔版均可适用。随着科学技术的进步和人们物质文化生活水平的提高，承印物的种类也在不断地增加（图1-39）。

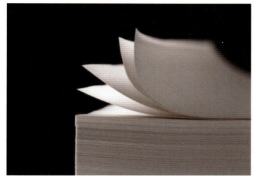

纸张印刷品

塑料印刷品

木盒印刷品

图1-39　各种承印物印刷品

## 1.3.4　印刷油墨

印刷油墨（printing ink）是由颜料或染料等色体、连结料、填充料、附加料等物质按比例调制具有颜色的均匀混合物。它是能进行印刷，并在承印物上干燥，且有一定流动度的浆状胶黏体物质。颜色、流动性和干燥性是油墨的最重要的三个特性。油墨种类很多，物理性质也不一样，有的很黏稠，有的相当稀薄；有的以植物油作连结料，有的用树脂、溶剂或水等作连结料。选择怎样的油墨是由印刷承印物、印刷方法、印刷版材和干燥方法等决定的。

油墨是印刷过程中用于形成图文信息的物质，在印刷中的作用非常重要，直接决定印刷品图像的阶调、色彩、清晰度等。油墨应具有鲜艳的颜色、良好的印刷适应性、合适的干燥速度。此外，还应具有一定的耐溶剂、酸、碱、水、光、热等方面的应用指标。随着人们对印刷品质量要求的提升，对油墨的技术性能要求也在提高。如高速多色印刷机和各色轮转印刷机，要求油墨以几秒钟甚至更快的速度干燥；印金、印银要求有亮光的油墨；印塑料薄膜，要求能与塑料膜最大限度地黏合附着在一起的油墨；特种印刷要求使用光敏油墨；等等。

印刷油墨的特性及品质好坏，与其材料及制造处理过程和工艺有关。由于注重环保因素，近年来用大豆油、玉黍粉等天然无害原料制造印刷油墨已成为一种趋势。

印刷油墨按性能可分为热固油墨、快干油墨、亮光油墨、紫外光固化油墨等类型。

按使用方式可分为四色油墨和单色油墨等类型（图1-40、图1-41）。

图1-40　四色油墨　　　　　　　　　　　　　　图1-41　单色油墨

### 1.3.5　印刷机械

四色胶印机

单色凹印机

印刷机械（Printing Machine）是指用于生产印刷品的机器设备。印刷机械的生产国家、品牌、种类繁多，主要生产国家有德国、日本、美国、以色列等。主要品牌有德国的海德堡（Heidelberg）、罗兰（Man Roland）、高宝（KBA），日本的小森（Komori）等（图1-42、图1-43）。

图1-42　高宝（KBA）五色平版胶印机

图1-43　四色丝网印刷机

印刷机械按印版形式不同可分为凸版、平版、凹版、孔版、数字、特殊和组合印刷机等类别。

①凸版印刷机有平版平压式的圆盘机、平版圆压式的平床机及圆版圆压式的轮转机等。

②平版印刷机有圆版圆压式的间接橡皮印刷机、平版圆压式的平床印刷机、珂罗版印刷机及轮转印刷机等。

③凹版印刷机有圆压式的平台凹印刷机、轮转式的凹印刷机等。

④孔版印刷机有半自动丝网印刷机、全自动丝网印刷机等。

⑤数字印刷机有直接印刷机、间接印刷机和喷墨印刷机等。

⑥特殊印刷机有票据印刷机、商标印刷机、软管印刷机、曲面印刷机、静电印刷机等。

⑦组合印刷机是指由各种类型的印刷和印后加工机组组成的流水生产线。在组合印刷中可以混合使用柔印、丝印、凸印、胶印、凹印、热烫印、冷烫印和压痕等工艺，有高效率、高质量的特点，且这种趋势越来越明显。

按一次印刷油墨颜色的色数多少，又可分为单色机、双色机、四色机、六色机、八色机等。

## 1.4　印刷工艺流程

印刷工艺流程是指印刷品的完成需要经过印前设计与制作、印中工艺、印后加工过程。印刷品生产工艺比较复杂，但无论哪一种印刷方式都要经过加工的三个步骤（图1-44）。

### 1.4.1　印前设计与制作

印刷稿用桌面出版系统（DTP）来完成，DTP系统通常由图文信息输入、处理、分色和输出四个部分组成。印刷稿制作应包含出血、尺寸、咬口、裁切线、套印标记、色标条、日期等信息。

以下为印刷设计与制作流程。

①设计素材准备：图形绘制，摄影图片的输入或扫描，文字稿录入计算机。

②设计草稿绘制：确定图片、标题字、正文字等版式。

③设计正稿排版：图像处理，文字编辑，图文混排组版并存储成电子文件格式，图文混排正稿数码打印样张校对正确。

④拼版：图文混排正稿组版的电子文件，按印刷要求拼合成大版并存储为出片文件格式。

⑤分色：将出片文件通过软件自带或安装的虚拟打印驱动程序，打印成为PS或PDF文件，再经过分色（RIP），最后把分色文件传输到CTP机输出印版或激光照排输出印刷胶片（film）。

⑥晒版：激光照排输出印刷胶片后，用晒版机制成CTP印版。

⑦打样：上机打样出供客户签样和印刷参考的标准样张。

通过以上步骤设计制作人员为下一道工序提供上机印刷的标准样张或电子文件和印版。

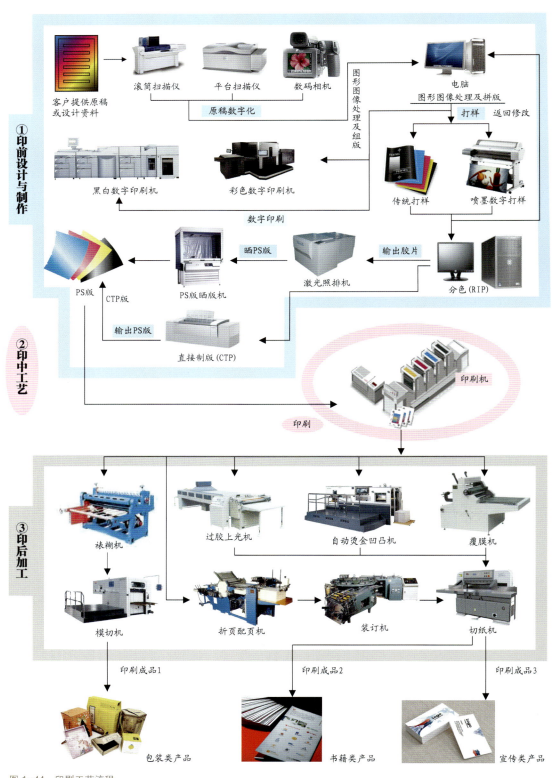

客户提供原稿或设计资料

滚筒扫描仪　平台扫描仪　数码相机

原稿数字化

① 印前设计与制作

图形图像处理及组版

电脑

图形图像处理及拼版

打样　返回修改

黑白数字印刷机　彩色数字印刷机

数字印刷

传统打样　喷墨数字打样

PS版　CTP版

输出PS版

晒PS版　输出胶片

PS版晒版机　激光照排机　分色(RIP)

② 印中工艺

直接制版(CTP)

印刷机

印刷

③ 印后加工

裱糊机　过胶上光机　自动烫金凹凸机　覆膜机

模切机　折页配页机　装订机　切纸机

印刷成品1　印刷成品2　印刷成品3

包装类产品　书籍类产品　宣传类产品

图 1-44　印刷工艺流程

## 1.4.2 印中工艺

以客户签字确认的打样印刷品为标样，印刷单位必须严格按照标样印刷，无权擅自更改其工艺。标样也是客户验收印刷品、付款的唯一依据。

打样可以理解为"试生产"，目的是生产出一张或几张产品作为正式印刷生产时的样本。印中就是按标样的生产工艺、材料、尺寸等要求，控制质量，进行大量复制的过程。不过，这时的印刷品通常被称为半成品。

## 1.4.3 印后加工

印后加工工艺是对印刷半成品进行加工使其成为印刷成品的过程，可通过烫印、凹凸、压纹、覆膜、压线、裱糊、上光、压光、吸塑、装订等多种方法实现，但并不是一种印刷品就要用到所有工艺，而是根据产品的工艺需要进行选择、组合，按加工的目的可分为以下三类。

### 1）印刷品表面的美饰加工

印刷品表面的美饰加工是对印刷半成品的表面进行美化和装饰，属于锦上添花的工艺。通过对印刷品表面进行美饰加工，可提高和改善印刷品的外观效果，起到美化的作用，不仅可以提高产品的附加值、丰富印刷品的多样性，同时也可以取得良好的视觉效果。加工方式主要包括表面光泽加工、立体感加工和特殊光泽加工等。

取得良好的视觉效果，可通过以下手段实现：

①表面光泽的加工，如上光或覆膜等。

②表面金、银光泽的加工，如烫印金银光泽的电化铝等。

③表面立体感的加工，如凹凸压印或水晶立体滴塑等。

④特殊光泽的加工，以增强印刷品闪烁感，如折光、全息烫印和烫印彩色电化铝等。

### 2）赋予印刷品特定功能的加工

印刷品特定功能的加工是以达到印刷品的使用功能为目的，主要有以下两类：一是具备或加强某方面的功能，如覆膜防油、防潮、防磨损、防虫等防护功能；二是具备某种特定功能，如邮票、介绍信等的可撕断功能，单据、表格等的复写功能，券钞等的防伪功能等。

### 3）印刷品的成型加工

印刷品的成型加工是对印刷半成品进行形体塑造的过程，主要有三类：

①单页印刷品裁切成为设计规定的页面尺寸，如广告宣传页、夹报单等。

②书刊本、册的装订，如折页、配页、锁线、平装胶订、无线胶订、骑马订、精装等。

③包装物的成型加工，如模切、压痕、裱糊、开窗、粘贴、分切、制袋等。

## 1.5 行业术语

### 1.5.1 胶片

　　胶片就是银盐感光胶片（也称菲林，是英文 film 的直译），在印刷行业中指印刷制版的底片。一张菲林片只代表一种颜色，四色印刷最少需要分别代表 CMYK 四个颜色的四张菲林片。专色菲林是用单独的文件输出为胶片，根据需要可以是一张或多张菲林片。文字版只有一个颜色，就用一张菲林，用红墨印刷印出来的就是红字，用黑墨印刷印出来的就是黑字。菲林上网点的多少即表示"这里有这种程度的某种颜色"。

　　菲林为 0.1 mm 厚度的黑色软片，没有信息的部分为透明色，菲林的边角一般有一个英文符号，是菲林的编号，标明该菲林是 CMYK 其中的一张，或专色号，表示这张菲林是什么色输出，如果没有信息，也可以从挂网的角度来辨别是什么色，旁边的阶梯状的色条是用来进行校对的网点密度（图 1-45）。

图 1-45　印刷胶片

### 1.5.2 纸张

　　纸张印刷品在人们的日常生活中使用量大，约占 95%，凸版、平版、凹版、孔版均适用。

#### 1）纸张的种类

　　纸张的种类有拷贝纸、打字纸、有光纸、书写纸、胶版纸、新闻纸、无碳纸、铜版纸、白版纸、牛皮纸、券钞纸、特种纸等。

　　①拷贝纸：17 g 正度规格。拷贝纸用于礼品包装、描图等，一般是半透明的（图 1-46、图 1-47）。

　　②打字纸：28 g 正度规格。打字纸是供打字和复写用的薄型纸张，也用来印刷单据、票证或便笺。有色打字纸用来印刷多联单据或票证，有白、红、黄、蓝、绿、淡绿、紫七种颜色（图 1-48、图 1-49）。

图 1-46　拷贝纸

图 1-48　打字纸

图 1-47　拷贝纸包装

图 1-49　打字纸便笺

③有光纸：35～40 g 正度规格。有光纸一面有光，用于联单、表格印刷（图 1-50、图 1-51）。

图 1-50　有光纸

图 1-51　有光纸联单

④书写纸：50～100 g 大度、正度规格。书写纸用于笔记本、教材、杂志、书籍内页等印刷（图1-52、图1-53）。

图 1-52　书写纸

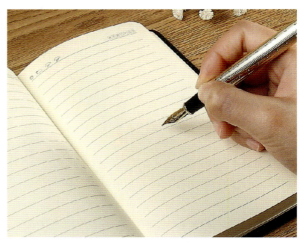

图 1-53　手写纸笔记本

⑤胶版纸：胶版纸也称双胶纸、道林纸，60～180 g 大度、正度规格，纸张表面没有涂布层。胶版纸伸缩性小，对油墨的吸收性均匀、平滑度好，质地紧密不透明，白度好，抗水性能强。胶版纸主要供平版（胶印）印刷机印刷较高级彩色印刷品，适于印制单色或多色的书刊封面、正文、插页、画报、地图、宣传画、彩色商标和包装类产品（图1-54、图1-55）。

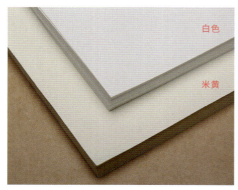

图 1-54　胶版纸

图 1-55　胶版纸印刷书籍

⑥新闻纸：55～60 g 滚筒、正度规格。新闻纸是以木浆或草浆为原料生产，含有大量的木质素和其他杂质，属质量较差的纸张，不宜长期存放，不宜书写，适用于印刷报纸、连环画等（图1-56、图1-57）。

⑦无碳纸：40～150 g 大度、正度规格。无碳纸有直接复写功能，有 1～6 联不同的组合，按顺序排列不能调换或翻用，有七种颜色，常用于联单、表格（图1-58、图1-59）。

⑧铜版纸：大度、正度规格。铜版纸也称涂布纸，是在原纸上涂布一层白色浆料，经过压光而制成。

图 1-56 新闻纸

图 1-57 新闻纸报纸

图 1-58 无碳纸

图 1-59 无碳纸联单

a. 铜版纸有单面、双面两类；80 ～ 400 g 正度、大度均有。双面铜版纸用于书籍、画册等高档印刷品；单面铜版纸用于纸盒、纸箱、手提袋、药盒等中高档印刷品。

b. 铜版纸有光铜和哑光铜（或称哑粉）两个品种，光铜表面有光泽，哑光铜表面涂布层经过亚光处理，无光泽。铜版纸表面光滑，白度较高，纸质纤维分布均匀，厚薄一致，伸缩性小，纸面洁白，平滑度高，黏着力大，防水性强，油墨印上去后能透出光亮的白底，适用于多色套印。铜版纸的印刷品色彩鲜艳，层次变化丰富，内容清晰。光铜和哑光铜版纸主要用于印刷书籍、封面、明信片、DM 单、精美的产品样本以及彩色商标等（图 1-60、图 1-61）。

⑨白板纸：230 ～ 500 g 大度、正度规格。白板纸伸缩性小，有韧性，折叠时不易断裂。白板纸有灰底白板与白底白板两种。白底白板纸也称白卡纸，纸质坚挺，洁白平滑，纸面富有光泽，价格比较昂贵，因此一般用于礼品盒、化妆品盒、酒盒、烟盒等高档产品包装。灰底白板主要用于印刷普通产品包装盒（图 1-62、图 1-63）。

图 1-60　铜版纸

图 1-61　铜版纸包装

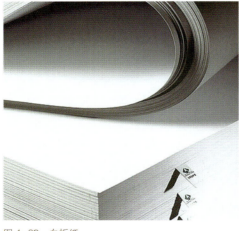

图 1-62　白板纸

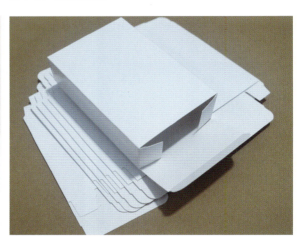

图 1-63　白板纸白卡纸盒

⑩牛皮纸：60 ～ 200 g 大度、正度规格，具有很高的抗拉力和强度。牛皮纸的纤维色彩给人以古朴厚实感，有单光、双光、条纹、无纹等品种。牛皮纸具有价格低廉、经济实惠等优点，主要适用于包装、纸箱、文件袋、档案袋、信封等（图 1-64、图 1-65）。

图 1-64　牛皮纸手提袋

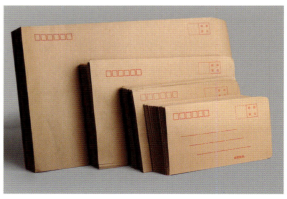

图 1-65　牛皮纸信封

### 2）纸张开度

纸张开度是指一张全开纸所能裁切出所需成品的张数，即一张纸切成多少份，例如 8 开的纸就是全开的 1/8（对切三次）。设计前要先选定纸张尺寸，因为印刷的机器只能使用少数几种纸张［通常是全开、对开或 4 开（k）］，一次印完后再用切纸机切成所需大小，所以一般不用特殊规格，以免纸张印不满而浪费版面。

由于印刷机印刷时抓纸、走纸有叼口的原因，叼口尺寸一般为 10 mm 左右，所以纸张的叼口部分是不能印刷的，因此纸张的原尺寸会比实际规格要大，等到印完再把边缘空白的部分切掉，才会有开度尺寸跟裁切后成品尺寸的差别，如国际标准 16 开尺寸为 220 mm×295 mm，印刷成品尺为 210 mm×285 mm；国内标准 16 开尺寸为 195 mm×270 mm，印刷成品尺寸为 185 mm×260 mm。

开纸定律：客户印刷成品规格长、宽尺寸，用大度和正度纸尺寸除以客户规格长、宽尺寸两次，选最多的积数，就是开数。

实例：大度纸 0.6 元 / 张，正度纸 0.49 元 / 张，客户印刷成品规格是 23 cm×20 cm，问大度、正度纸张的开数各是多少？应选择大度、正度哪种纸张印刷？

解析：

$19.4÷23≈5.2$，计整数为 5 刀（20 开）

$109.2÷23≈4.8$，计整数为 4 刀（12 开）

$119.4÷20≈5.9$，计整数为 5 刀（15 开）

$109.2÷20≈5.5$，计整数为 5 刀（15 开）

$88.9÷23≈3.9$，计整数为 3 刀（15 开）

$78.7÷23≈3.4$，计整数为 3 刀（15 开）

$88.9÷20≈4.5$，计整数为 4 刀（20 开）

$78.8÷20≈3.9$，计整数为 3 刀（12 开）

大度：0.6 元 ÷20 开 =0.03（元 / 张）

正度：0.49 元 ÷15 开 =0.0327（元 / 张）

应选用大度纸作印刷纸张。

常用的纸张有国际、国内两个标准系列幅面，如国际标准 A 系列的纸张开度：全开 A0，对开 A1，四开是 A2，依次类推……纸张分为单张纸和卷筒纸两种，常用的单张纸主要全开尺寸如下：

全开正度 =787 mm×1092 mm（国内标准）

全开大度 =889 mm×1194 mm（国际标准）

卷筒纸的长度一般是 6000 m 为一卷，宽度尺寸有 1575 mm、1562 mm、1092 mm、880 mm、850 mm、787 mm 等。

单张纸正度、大度的开度计算如表 1–1 所示。

## 表 1-1 纸张常用开度表

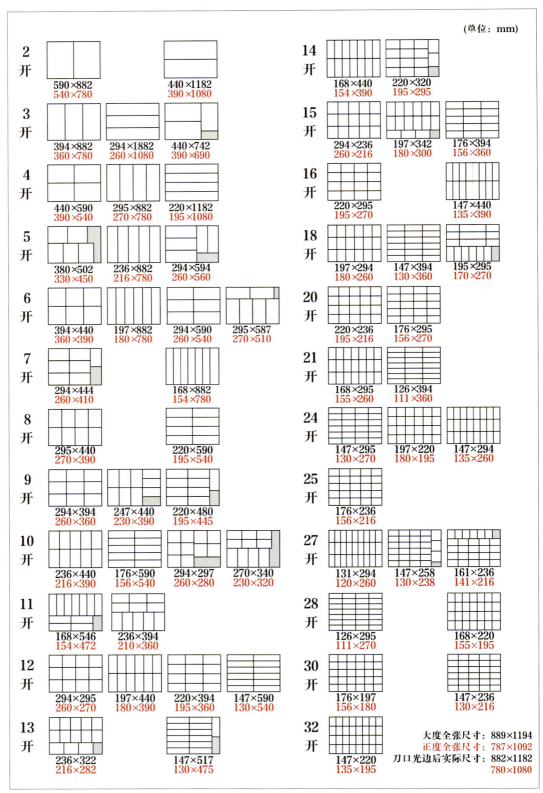

（单位：mm）

**2开**
590×882
540×780

440×1182
390×1080

**3开**
394×882
360×780

294×1882
260×1080

440×742
390×690

**4开**
440×590
390×540

295×882
270×780

220×1182
195×1080

**5开**
380×502
330×450

236×882
216×780

294×594
260×560

**6开**
394×440
360×390

197×882
180×780

294×590
260×540

295×587
270×510

**7开**
294×444
260×410

168×882
154×780

**8开**
295×440
270×390

220×590
195×540

**9开**
294×394
260×360

247×440
230×390

220×480
195×445

**10开**
236×440
216×390

176×590
156×540

294×297
260×280

270×340
230×320

**11开**
168×546
154×472

236×394
210×360

**12开**
294×295
260×270

197×440
180×390

220×394
195×360

147×590
130×540

**13开**
236×322
216×282

147×517
130×475

**14开**
168×440
154×390

220×320
195×295

**15开**
294×236
260×216

197×342
180×300

176×394
156×360

**16开**
220×295
195×270

147×440
135×390

**18开**
197×294
180×260

147×394
130×360

195×295
170×270

**20开**
220×236
195×216

176×295
156×270

**21开**
168×295
155×260

126×394
111×360

**24开**
147×295
130×270

197×220
180×195

147×294
135×260

**25开**
176×236
156×216

**27开**
131×294
120×260

147×258
130×238

161×236
141×216

**28开**
126×295
111×270

168×220
155×195

**30开**
176×197
156×180

147×236
130×216

**32开**
147×220
135×195

大度全张尺寸：889×1194
正度全张尺寸：787×1092
刀口光边后实际尺寸：882×1182
780×1080

### 3）纸张的计量

①克：纸张单位面积的重量，单位为 g/m²，即每平方米的克重。常用的纸张定量一般是彩色印刷：128 ～ 400 g/m²；黑白印刷：80 ～ 128 g/m²；信纸印刷：70 ～ 120 g/m²；信封印刷：100 ～ 160 g/m²；名片印刷：160 ～ 250 g/m²。定量越大，纸张越厚，定量在 400 g/m² 则为纸板。

②1 令纸为 500 张全张纸（全开纸），令重是每令纸张的总重量，单位是 kg，常用于计算纸价，方便搬运和计量。根据纸张的定量和幅面尺寸，用如下公式计算令重：

令重（kg）= 纸张的幅面（m²）×500× 定量（g/m²）÷1000

③吨：1 t=1000 kg，用于计算纸价。

### 4）纸张的一般特性

纸的一般特性有白度、颜色度、光泽度、不透明度、平滑度、厚度、匀度、紧密度、韧性、着墨性、吸水性、渗透性、伸缩性、酸碱性等。纤维较短的纸张，伸缩性小、拉力弱、吸收力强，反之亦然。

纸张具有丝缕方向特性，在纸张制造时由纤维构成骨料，其制造工艺决定有此特性（图1-66、图 1-67）。

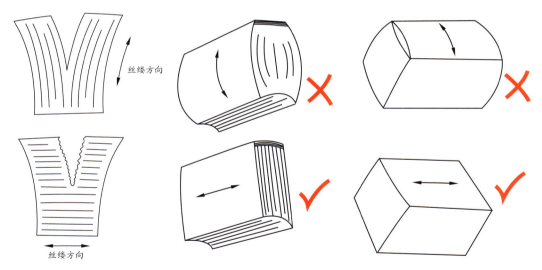

图 1-66　纸张的丝缕方向特性　　　图 1-67　丝缕在装订、包装中的应用

## 1.5.3　网点

网点（Dot）是组成网调图像的最小元素，印刷复制就是通过网点面积或疏密变化来控制墨量的变化，从而再现原稿内容浓淡变化的效果。原稿加网使连续图像某一小区域的平均亮度转化为一个网点，而大小不同的网点构成了加网图像，正是加网过程完成了原稿的离散化。

网点是印刷复制过程的基础，是构成图文的最基本单位（图 1-68）。

在放大镜下，印刷品的图像是由无数个大小不等的网点组成的。网点是极小的点。当用150 lpi（line per inch）印刷时，一个 100％ 的网点直径约为 0.17 mm，而其 50％ 的网点为

0.085 mm。由于人眼的分辨力有限，在正常的视觉和光线条件下，人眼不能分辨如此细小的点。根据色光加色法原理，加上油墨的透明性，网点在视网膜中仅产生某种综合后的色觉，即网点大的区域颜色深，网点小的区域颜色浅，因此从整体上看，加网后的图像又是连续的。虽然印刷品与原稿相比有损失，但因为人的视觉有限而可以接受（图 1-69）。

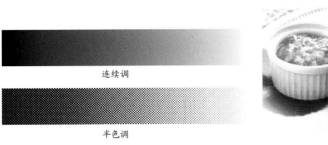

图 1-68　连续调和半色调对比

图 1-69　印刷图像由网点构成

（1）网点形状及特点

传统网点的形状有很多种，圆形、椭圆形、方形、链形（菱形）、十字架形、圆方形、钻石形、线形、散播形以及其他特殊形状。现在常用的网点有圆形、方形、链形（菱形）、圆方形。同一大小的网点因形状不同，其周长也不同。圆形点的周长最大，因而网点扩大率最大（图 1-70、图 1-71）。

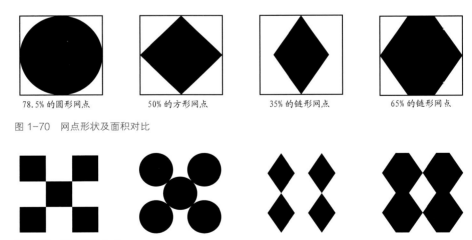

78.5% 的圆形网点　　50% 的方形网点　　35% 的链形网点　　65% 的链形网点

图 1-70　网点形状及面积对比

图 1-71　网点排列方式

（2）网点大小

网点大小是网点覆盖面积与总面积之比，也称着墨率。通常用百分数表示，即 1% ~ 100%。

印刷品的阶调一般划分为三个层次：亮调、中间调、暗调。亮调部分的网点覆盖率为 10% ~ 30%；中间调部分的网点覆盖率为 40% ~ 60%；暗调部分的网点覆盖率为 70% ~ 100%。

不同大小面积的网点，习惯上用"成"作为衡量单位，计为成数的多少，比如覆盖率为10%的网点称为"一成网点"，覆盖率为50%的网点称为"五成网点"，覆盖率为0的网点（即没有网点）称为"绝网"，覆盖率为100%的网点称为"实地"（图1-72）。

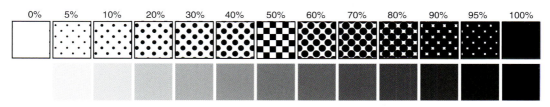

图 1-72　网点大小

用10～40倍放大镜目测鉴别网点面积与空白面积的比例，识别和鉴别网点的大小（图1-73）。

图 1-73　放大镜下的网点

目测识别网点方法比较直观、方便，但仅凭经验，误差较大（图1-74）。

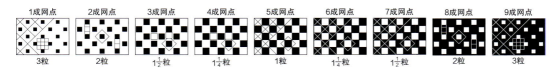

图 1-74　目测鉴别网点层数方法

（3）网点角度

网点角度是指网点排列线与水平线之间的夹角，一般以逆时针测得的角度为准。链形网点的纵向与横向形状不同，相差180°的两列方向是完全一致的，网点角度为0°～180°。而方形网点和圆形网点相差90°时，其角度是一致的，网点角度为0°～90°（注：30°度差和60°度差的花纹相同，15°度差和75°度差的花纹相同）（图1-75至图1-77）。

一般来说，当两种网点的角度差为30°和60°时，整体的干涉条纹还比较美观，45°的网点角度较差；当两种网点的角度差为15°和75°时，干涉条纹就会很明显，产生较明显的龟纹，干扰人眼阅读，影响图像的美观和质量，因此需要尽量避免。

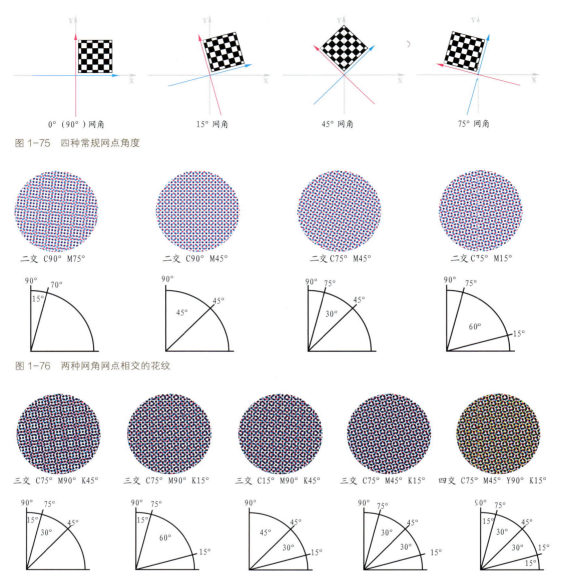

图 1-75　四种常规网点角度

图 1-76　两种网角网点相交的花纹

图 1-77　三种、四种网角网点相交的花纹

## 1.5.4　加网线数

　　加网线数（简称网线）也称网点频率（screen frequency），是以单位长度内网点的个数度量。与物理中频率的概念对应，加网线数计量单位为线/inch（lpi）（每平方英寸内所含线数）。

　　常用加网线数有 80、100、120、133、150、175、200、300 lpi 等，以纸张为例，在实际选择时，纸张的性能是一项重要的影响因素。纸张的平滑度及粗糙度等表面性能决定了其对加网线数的要求不一样。

　　铜版纸或白卡板网线可设 175 ～ 300 lpi，表面平滑度高，能够再现较细的网点，因此可以采用较高的加网线数，如印刷高端画册、杂志封面、明信片等；

胶版纸网线可设 120 ～ 150 lpi，胶版纸表面比铜版纸粗糙，一般印刷书籍内页、说明书等；

新闻纸可设 80 ～ 133 lpi，表面更粗糙一些，太小的网点会形成破碎的边缘，或者完全落在凹下去的地方，因此应该使用较大的网点印刷，如报纸等。

印刷图像扫描分辨率（dpi）与网线（lpi）的关系为 2 倍关系，如杂志或宣传品采用扫描分辨率为 300 dpi，加网线数用 133 或 150 lpi；高品质书籍的扫描分辨率为 350 ～ 400 dpi，加网线数用 175 ～ 200 lpi。

用不同加网线数表现同一幅图像，会有不同的效果。通常加网线数越大，网点表现的图像层次就越丰富。从理论上讲，网线越细，印刷品能表现的层次和细节就越多。在目前印刷行业的设备及工艺水平下，当加网线数超过 200 lpi 就很难实现了。如果选用了较高的加网线数，同时就应该选用质量更好的铜版纸、颗粒更细的油墨和分辨率较高的 PS 版，另外还可选择表现力更强的新型加网方式调频网（图 1-78）。

图 1-78　外 30 线、中 60 线、内 175 线，三种不同网线对比

## 1.5.5　灰平衡

灰平衡也称中性灰，是指在 RGB 颜色模式下，灰色的 RGB 数值应该相同或相近，也就是数值互相平衡。但在 CMYK 颜色模式下，CMY 等值的叠印结果是灰红色，不是想要的结果中性灰。因此，要精确计算各色料的量，以实现理想的中性灰平衡，就产生了灰平衡的概念。

灰平衡产生的原因是颜料青、品红、黄均不能从加工制造中得到理想的颜色纯度，往往在青、品红、黄三色料中都带有不同程度的相反色，如在青颜料中含有少量的品红，在品红颜料中则含有少量的红，在黄颜料中也含有少量的红（图1-79）。

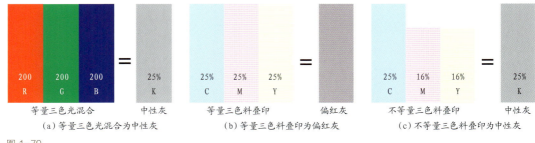

（a）等量三色光混合为中性灰　　　　（b）等量三色料叠印为偏红灰　　　　（c）不等量三色料叠印为中性灰

图 1-79

具体地说，灰平衡是指在一定的印刷、打样条件下，将青、品红、黄三色油墨按一定比例叠印，得到视觉上中性灰的颜色，青版网点通常比品红版和黄版的网点大。在调整 CMYK 模式图像灰平衡时，需要参照下表去对照 CMYK 的数值，才能达到真正的灰色的平衡，见表1-2。

表1-2　组成中性灰的 CMY 油墨百分比（参考值）

| 青色（C） | 品红（M） | 黄色（Y） | 中性灰（K） |
| --- | --- | --- | --- |
| 5 | 3 | 3 | 5 |
| 10 | 6 | 6 | 10 |
| 20 | 13 | 13 | 20 |
| 25 | 16 | 16 | 25 |
| 30 | 21 | 21 | 30 |
| 40 | 29 | 29 | 40 |
| 50 | 37 | 37 | 50 |
| 60 | 46 | 46 | 69 |
| 75 | 63 | 63 | 75 |
| 80 | 71 | 71 | 80 |
| 90 | 82 | 82 | 90 |
| 95 | 87 | 87 | 95 |

灰平衡的作用是能够正确复制原稿的灰色；在印前设计与制作和印中工艺阶段，灰平衡是作为一个尺度来使用的，衡量分色制版工艺和印刷工艺三原色油墨量比例是否适当。

灰平衡问题贯穿印前系统、打样及印刷的全过程，灰平衡是色彩复制的基石，一切色彩都可以从灰平衡中得到解释，所以需要在每个工序加强控制，减少其对印刷品质量的影响。

## 1.5.6　色彩管理

色彩管理（color manage）是指通过软硬件结合的方法，在生产系统中自动、统一地管理和调整颜色，以确保整个过程中颜色的一致性。

色彩管理的主要目标：①实现不同输入设备间的色彩匹配，包括各种扫描仪、数字照相机、Photo CD 等。②实现不同输出设备间的色彩匹配，包括彩色打印机、数字打样机、数字印刷机、常规印刷机等。③实现不同显示器显示颜色的一致性，并使显示器能够准确预示输出的成品颜色。最终实现从输入到输出的高质量色彩匹配。

色彩管理的目的是实现所见即所得。

色彩管理系统是以 CIE 色度空间为参考，特征文件记录设备输入或输出的色彩特征。应用软件及第三方色彩管理软件为使用者的色彩控制工具，其核心是用于标识彩色设备色彩特征的设备特征文件。设备特征文件必须建立在一定的标准基础上，才能达到色彩管理的目的。ICC 国际色彩联盟通过色彩特性文件进行色彩管理，以实现色彩传递的一致性，并建立了一种跨计算机平台的设备颜色特性文件格式，构建了一种包括与设备无关的色彩空间 PCS（Profile Connection Space）。

实际上，色彩管理在现代化数字印前制版系统和数字印刷领域的作用是不可忽视的。很多现代化印刷生产企业在使用色彩管理以后，生产效率大大提高，同时错误率也相应降低。

### 1.5.7　其他

P 数（Page number）：P 是"Page"的首字母简写，指书刊页面，有多少页面就有多少页码，即多少 P。

出片（take out the film）：用电子文件输出胶片的过程。

移动硬盘（mobile hard disk）：以硬盘为存储介质，交换计算机之间的数据，强调便携性的存储产品。印刷前期用来存储电子文件，有机械硬盘、固态硬盘和 U 盘等类型，容量有 16 GB ～ 2 TB 多种选择，其中 U 盘小巧方便，便携性较好。

叼口（gripper）：印刷机印刷时上纸的叼纸处，一般为 10 mm 左右，不能印刷图案和文字。

实地（solid plate）：没有网点的色块面积，通常指满版印刷，色标为 100%。

版面（type area）：印刷成品幅面中图文和空白部分的总和。

版心（type page）：印版或印刷图文的印刷尺寸宽乘高的面积，在设计中要留出印刷图文距四周边缘的距离尺寸，不同产品有不同的距离要求。

图像锐化（image sharpening）：一种图像处理方式，不会增加任何细节信息，但提高了描述对象边缘的对比，使之看起来更为明显。

底色去除［under color removal（ucr）］：在四色复制中，用三原色还原灰色和黑色时，降低三原色比例，相应增加黑色比例的工艺。

色谱（color atlas）：用四色标准青、品红、黄、黑油墨，按不同网点百分比叠印成各种色彩的色块总和。

测控条（control strip）：由网点、实地、线条等测标组成的软片条，用以判断和控制拷版、晒版、打样和印刷时的信息转移。

去网（descreening）：把网点图像恢复成连续调图像的过程。

网屏（screen）：把连续调图像分解成可印刷复制的像素（网点、网穴）的加网工具。

连续调（continuous tone）：色调值呈连续渐变的画面阶调。

反白（reverse type）：文字或线条用阴纹来印刷，露出的是纸白。

高调（light tints）：又称亮调，是原稿或印刷品上反射光线比较强，颜色比较浅淡的部分，密度值约为 0.2 ~ 0.6。

中间调（middle tone）：画面上介于亮调和暗调之间的阶调。

低调（shadow）：又称暗调，是指图片阴暗。

PostScript：简称 PS，是 Adobe 公司开发的一种与设备无关的打印机程序语言，是第一代数字印刷文件格式。

PDF 格式（Portable Document Format）：Adobe 公司开发的全世界电子版文档通用文件格式标准，作为一个数字文件格式，可用于浏览和印刷，是第二代数字印刷文件格式。

TIFF 格式（Tagged Image File Format）：一种较为普遍的图像格式，可以用来直接印刷输出。

GIF 格式（Graphics Interchange Format）：一种基于 LZW 算法的连续色调的无损压缩格式。其压缩率一般在 50% 左右，不属于任何应用程序。目前几乎所有相关软件都支持它，公共领域有大量的软件在使用 GIF 图像文件。在一个 GIF 文件中可以存多幅彩色图像，如果把存于一个文件中的多幅图像数据逐幅读出并显示到屏幕上，就可构成最简单的动画。

EPS 格式（Encapsulated Post Script）：称为打好包的 PostScript 格式，是 PostScript 格式的变体之一。EPS 格式是一种混合图像格式，可以同时在一个文件内记录图像、图形和文字，携带有关的文字信息。

BMP 格式（Bitmap）：Windows 操作系统中的标准图像文件格式，使用非常广，采用位映射存储格式，除了图像深度可选，不采用其他任何压缩，因此，BMP 文件所占用的空间较大。

JPG 格式（Joint Photographic Expens Group）：一种图像格式，定义了图片、图像的共用压缩和编码方法，是目前为止最好的压缩技术。

## ◆ 实训任务

1. 简答印刷史上的四次变革。

2. 纸张开度计算：客户印刷成品规格是 25 cm × 20 cm，大度纸 0.6 元 / 张，正度纸 0.49 元 / 张，问大度、正度纸张各是多少开数？应选择大度、正度哪种纸张印刷？

# 2 印前设计与制作

印前设计与制作（印前工艺）是印刷工艺流程印前、印中和印后三个环节中的关键工序。常言道："三分印刷，七分制版"，即印前工艺的质量最终决定印刷品的质量，如果印前工艺处理不好，就不可能印刷出高质量的印刷品。印前工艺技术含量高、工序较多、操作复杂，其中包括图像及文字输入、设计、处理、拼版、分色（RIP）、打样、输出等几个环节。

## 2.1 印前设计软件

印刷行业常用以下软件。

①图像处理类软件：Adobe Photoshop、Acdsee 等。

②图形类软件：Adobe Illstrator、CorelDraw 等 。

③排版类软件：Adobe InDesign、Adobe Acrobat、Quark Xpress 等（图 2-1 ）。

图 2-1　常用图形、图像和页面处理软件

## 2.2 原稿的数字化

原稿数字化是印刷工序的开始，常用的印前数字化输入设备有专业扫描仪、文字识别、专业数码相机和视频捕捉卡等。其任务是利用激光扫描和光电转换，把原稿上的颜色信息转换成数字信号，以电子文件的方式存储在计算机中，用于印前设计和排版。

### 2.2.1 扫描仪

扫描仪是印前系统的关键输入工具，是印前领域实现数字化生产作业的基础。它既可以进行图像输入、图像扫描分色、图像识别等工作，也可以利用光电转换原理将黑白或彩色的连续调图像输入计算机，并转换为供计算机处理的数字图像。扫描仪自问世以来凭借其独特的数字化图像采集能力和优良性能，得到了迅速发展和广泛应用。选择扫描仪类型时应综合考虑扫描仪的性质参数、原稿类型及图像的用途等因素。扫描仪的种类繁多，高低档次不一，根据用途和扫描对象不同，有平台扫描仪、滚筒扫描仪、胶片扫描仪、3D 扫描仪、平台非接触式扫描仪、全自动书刊扫描仪、手持式扫描仪等。在印刷行业常用的扫描仪有平台扫描仪、滚筒扫描仪两种。

平台扫描仪属于中、低档图像扫描设备，有不同的精度和效率档次，目前已普及至印刷、媒体和广告行业。如中晶 AScanMaker 1100XL Plus 专业平台扫描仪，6400 dpi 的分辨率，具有色彩恢复技术，扫描原稿能获得丰富细腻的层次及精美的扫描质量（图 2-2）。

图 2-2　中晶 AScanMaker 1100XL Plus 专业平台扫描仪

平台扫描仪工作原理是电荷耦合器件（Charge Coupled Device，CCD）。CCD 是一种特殊的具有光电转换作用的半导体器件，它的功能是把光信号转变为电信号。成千上万个 CCD 元器件排列在一个芯片上，CCD 元器件性能和数量的多少决定平台扫描仪的档次和扫描质量的好坏。平台扫描仪采用荧光灯或卤素灯作为光源，扫描原稿被放在平台玻璃上，投射稿的光源位于原稿的上部，反射稿的光源则位于原稿的下部（图 2-3）。

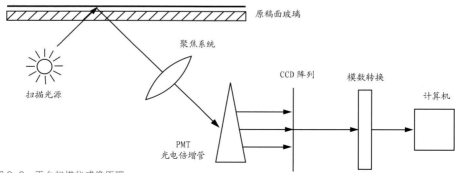

图 2-3　平台扫描仪成像原理

滚筒扫描仪（水平滚筒、垂直滚筒）属于高精度专业图像扫描设备，具有扫描精度高、动态范围大、层次表现丰富等特点。如网屏 SG-8060P Ⅱ 是一款先进的滚筒扫描仪，具备高级别的扫描性能，出色的质量和速度，得到了印前专家一致的信赖。它采用了业内领先的高精度扫描头，分辨率高达 12000 dpi，缩放倍率的范围为 10% ~ 3000%。它还拥有诸多智能化和自动化功能，可以有效地缩短生产时间并提高生产率（图 2-4）。

滚筒扫描仪工作原理是采用氙或卤钨等作为光源，以高敏度光电倍增管（PMT）作为光电转换设备，将从原稿反射或透射回的高纯度白光分解成红、绿、蓝三束光，进入光学系统，经光电转换和模数转换后，转变成计算机能够识别的数字信号（图 2-5、图 2-6）。

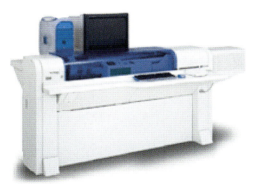

图 2-4 网屏 SG-8060P Ⅱ 滚筒扫描仪

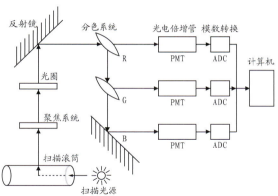

图 2-5 滚筒扫描仪成像原理

SMA 德国 A0+ 幅面非接触式扫描仪

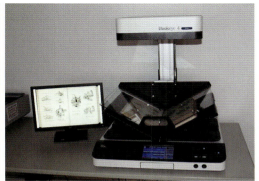

全自动书刊扫描仪

135 胶片扫描仪

3D 扫描仪

平台非接触式扫描仪

手持式扫描仪

图 2-6 其他各种类型扫描仪

### 实例一　扫描仪操作方法与步骤

扫描仪的种类和品牌繁多，但扫描操作方法和步骤基本相同：准备原稿→准备扫描仪→开启扫描仪电源→放置原稿→启动扫描软件→扫描。

（1）扫描仪技术要领

①分析原稿，对原稿的类型、内容、色彩、层次、清晰度等方面进行综合分析，确定符合要求、原稿内容及艺术再现性的工艺参数，并在扫描时适当作出调整，以便突出原稿的特点，弥补原稿的不足。

②原稿不能有灰尘、污点或划痕，尽可能选择比较干净、层次丰富、色彩鲜艳的原稿。

③反射稿和透射稿要分开扫描，以便图像处理。

④平台扫描仪放置原稿时应尽量保持原稿平直，以免因原稿折皱、卷边和不平整等原因而降低图像的质量。

⑤预热扫描仪 3～5 分钟，高档扫描仪的预热时间更长，以便获得稳定的扫描质量。

⑥滚筒扫描仪只能扫描可以弯曲、软的原稿。

（2）扫描仪操作步骤

①扫描准备工作完成后就可以启动扫描软件，下面以平台扫描仪为例，在 Photoshop 中选择"文件"菜单下的"输入（导入）"，打开已安装好的扫描仪软件（图2-7、图2-8）。

图2-7　在 Photoshop 中启动扫描仪软件　　图2-8　扫描仪软件界面

②预扫描图像。点击"预扫"按钮，即可进行预扫描，扫描仪软件具有以低分辨率预览图像的功能，确定选择扫描区域，并对扫描参数进行设置，如分辨率、扫描图像的尺寸及图像的类型（黑白、灰度、彩色等）（图2-9）。

③设置控制参数。预扫后，需对图像的色彩、层次、清晰度进行调整，使扫描出来的图像能还原于原稿，并能对原稿上的不足进行弥补（图2-10）。

④扫描。当上述各项工作完成后，开始对图像扫描，正式扫描图像用 50% 的大小观察时，与印刷效果基本相同（显示器需要经过色彩校正后才能保证色彩的准确），扫描完成后选择存储的磁盘并以需要的文件格式存储。

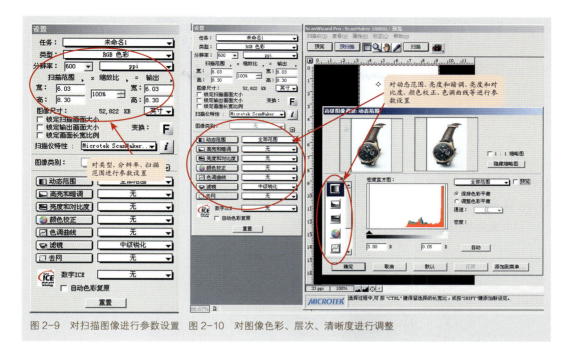

图 2-9　对扫描图像进行参数设置　图 2-10　对图像色彩、层次、清晰度进行调整

## 2.2.2　数码相机的图像输入

　　数码相机属于无胶片图像记录技术。数码相机在外观上与普通相机并无多大区别，但不是在胶片上成像，而是在内置的感光器件 CCD 上成像，再利用固定的或移动的存储器保存获得的图像，与计算机有线或无线连接可以导出拍摄好的图像（图 2-11、图 2-12）。

图 2-11　佳能 EOS-1D 专业数码相机及镜头

图 2-12　尼康专业数码相机及镜头

（1）数码相机的工作原理

数码相机可以分为家用型、准专业型及专业型，但不管什么类型的数码相机，其基本工作原理相同。数码相机和传统相机在光学机械结构、电子曝光控制等方面都相当类似，镜头的作用也相同，二者最大差异在于成像介质和成像原理的不同。传统相机使用以银盐为基础的化学感光胶片来记录影像，而数码相机使用特殊的光电转换器件 CCD 来记录影像。

数码相机工作流程是镜头将拍摄的图像汇聚到感光器件 CCD 上，CCD 感应到拍摄物的电子图像后，利用 ADC（模数转换器）执行从模拟信号到数字信号的转换，接下来 MPU（微处理器）对数字信号进行压缩并将其转化为特定的图像格式，如 JPG 格式。最后图像文件被存储在相机内置存储器中。经过这一系列复杂的过程，一张数码图像就拍摄完成了（图 2-13）。

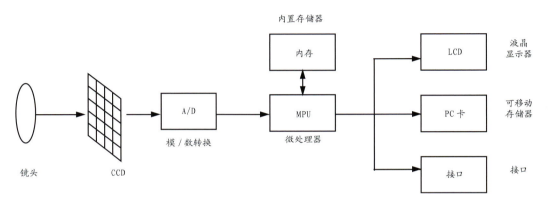

图 2-13　数码相机的基本结构和工作原理

（2）数码相机的分辨率

数码相机的分辨率以像素计量，分辨率是数码相机的主要性能指标，是衡量数码相机拍摄记录图像细节能力的大小。数码相机分辨率取决于相机中 CCD 元器件的多少，其 CCD 元器件个数也被看成像素的个数，如 1000 万像素的数码相机是指在一块芯片上集成有 1000 万个 CCD 元器件。提高数码相机分辨率一直是人们追求的目标，像素的数量越多，图像的分辨率也越高，图像清晰度也就越高，同时图像的文件也越大，反之亦然。

数码相机的像素数与输出照片尺寸的关系，用如下公式计算：$\dfrac{M}{N}=L$

式中　$M$——数码相机拍摄的水平像素数；

　　　$N$——打印机分辨率 dpi；

　　　$L$——打印机可打印的最大照片长度，单位为英寸（inch）。

**实例二　用分辨率求打印尺寸**

要求打印一张分辨率为 300 dpi 的照片，数码相机拍摄的水平像素为 3600 像素，问这张照片可以打印多少英寸？

解析：3600 ppi ÷ 300 dpi=12 英寸

（3）高宽比

数码相机拍摄图像的高宽比受 CCD 尺寸的影响大多数为 4：3，少数相机为 3：2，全画幅数码相机拍摄图像的高宽比为 3：2，即 36 mm×24 mm。现在市场上的全画幅专业数码相机分辨率高，如尼康相机 Z 7II 分辨率为 8256×5504（约 4540 万像素），佳能相机 EOS-1D X 分辨率为 5184×3456（约 1790 万像素）。印刷行业使用专业数码相机照片，要求分辨率在 400 万像素以上。

## 2.3　图像处理

图像作为人类感知世界的视觉基础，是人类获取信息、表达信息和传递信息的重要手段。目前，印刷行业已实现数字化流程，印刷所需图像需全部转换为数字图像，并用计算机应用软件对图像进行处理，以达到印刷所需的技术要求。数字图像是指用专业相机、摄像机、扫描仪等设备输入得到的一个大的二维数组，该数组的最小元素称为像素，其值称为灰度值。

### 2.3.1　数字图像分类

（1）位图

位图（bitmap）也称点阵图或光栅图像，是由彼此相邻的像素所组成，其效果如同用小方块组成的图案一样，每一个方块有其固定的位置和不同的颜色。位图的单位为像素（pixel）。

位图的优点：颜色丰富、层次分明、表现完美，适合于表现连续变化的各种颜色，如人物、风景、静物的照片等模拟信息。

位图的缺点：放大图像后，清晰度和分辨率会降低，会出现马赛克和边缘锯齿化，或者图像本身分辨率低，图像也会出现马赛克和边缘锯齿化（图 2-14）。

图 2-14　像素阵列构成的位图图像

（2）矢量图

矢量图（vectorgraph）又称向量图，是按照坐标和数学公式定义的区域构成单个图形。

矢量图的特点是每个图形具有独立性，是一个独立的实体。这些图形是由点、线、面的几何元素和填充色、填充图案等构成。其中点是矢量图形的最小单位，点的 X、Y 坐标定义了对象的形状和大小，点不可见，但它确实存在，并控制全局。在矢量软件中修改矢量图形，必须选择点拖动或用选择工具拖动点或两点之间的线，否则不能改变图形，这是创建、控制和编辑图形的有力方法。

矢量图的优点：图形放大或缩小不影响输出分辨率，在印刷出版行业特别适用，用于处理精度要求高的文字、点线面图形。

矢量图的缺点：对大量包含矢量图曲线的复杂文字或图形，会加长计算机处理的时间，同时出错的概率也会增加（图 2-15）。

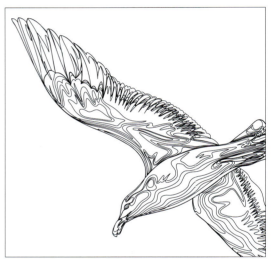

图 2-15　数个单独的图形元素构成图形

## 2.3.2　图像颜色模式

（1）CMYK 模式

CMYK 模式是印刷或打印的模式，是当阳光照射到一个物体上时，这个物体将吸收一部分光线，并将剩下的光线进行反射，反射的光线就是我们所看见的物体颜色，这是一种减色模式，同时也是与 RGB 模式的根本不同之处，我们不仅在观察物体颜色时使用了这种减色模式，而且在纸上印刷时也应用了这种模式。CMYK 代表印刷上用的四种颜色，C 代表青色（Cyan），M 代表品红色（Magenta），Y 代表黄色（Yellow），K 代表黑色（Black），当 CMY 三值达到最大值时，在理论上应为黑色，因为颜料制造与纯度的原因，青色、洋红色和黄色很难叠加形成真正的黑色，呈现深褐色而不是黑色，为弥补这个缺陷而增加了黑色 K，黑色的作用是强化暗调，加深暗部色彩（图 2-16、图 2-17）。

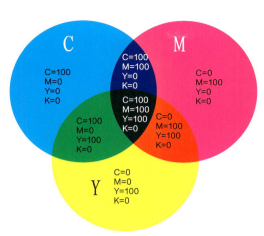

图 2-16　CMYK 模式

图 2-17　PS 软件中的 CMYK 模式

（2）RGB 模式

RGB 色彩就是常说的光学三原色，R 代表红色（Red），G 代表绿色（Green），B 代表蓝色（Blue）。自然界中肉眼所能看到的任何色彩都可以由这三种色彩混合叠加而成，因此也称加色模式。广泛用于我们的生活中，如电视机、计算机显示屏、幻灯片、投影仪等都是利用光来呈色。印刷行业中常需扫描图像，扫描仪在扫描时首先提取的就是原稿图像上的 RGB 色光信息。RGB 模式是一种加色法模式，通过 R、G、B 的辐射量，可描述出任一颜色。计算机定义颜色时 R、G、B 三种成分的取值范围是 0 ~ 255，0 表示没有刺激量，255 表示刺激量达最大值。当 R、G、B 值均为 255 时，混合形成了白光；而当 R、G、B 值均为 0 时，则形成黑色。

RGB 模式与 CMYK 模式比较：

RGB 模式的色域范围比 CMYK 模式大。因为印刷颜料在印刷过程中不能重现 RGB 色彩。

CMY 和 RGB 为互补色。

C- 青色：由 G- 绿色和 B- 蓝色合成，其中没有 R- 红色成分；

M- 品红色：由 R- 红色和 B- 蓝色合成，其中没有 G- 绿色成分；

Y- 黄色：由 R- 红色和 G- 绿色合成，其中没有 B- 蓝色成分（图 2-18）。

### 2.3.3　图像分辨率

分辨率是单位长度内像素的平均密度信息，决定了图像细节的精细程度，是数字图像的重要指标，分辨率的单位是 ppi（pixel per inch，每平方英寸内所含像素数）。图像的分辨率越高，所包含的像素就越多，也能表现更丰富的细节，图像就越清晰，质量也就越好。同时，分辨率提高也会增加文件占用的存储空间。印刷出版行业以满足输出质量要求为原则，尽量少占用计算机的存储资源和处理时间，以提高生产效率（图 2-19）。

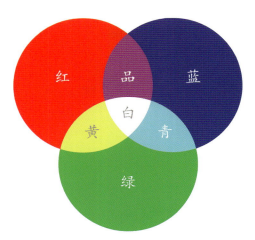

图 2-18　RGB 模式　　　　　　　　　　图 2-19　PS 图像分辨率对话框

（1）像素

像素是对应于图像数字化设备划分的一个个小方块，在图像数字化后，这些小方块变成了数字信息，这些数字信息被称为像素。

像素的两个基本属性：一是位置属性，每一个像素在图像内有其确定的空间位置，即数字图像是一个有序排列的二维数据组；二是数值属性，数字图像中的数字代表了像素的值，代表的是某一位置上一个小区域（小方块）上的平均亮度。

（2）像素值（灰度值）

像素值是表示原稿某一像素亮度信息的数值，即每个像素存储信息量的多少，可以是黑、白、灰或彩色。印刷行业常用 8 位颜色位深的数字文件，即 $2^8=256$ 个灰度等级，每个等级代表不同亮度。

颜色位深越大，图像的细节层次和色彩也越丰富，但并不是颜色位深值越大越好，颜色位深太大不仅会增加计算机和存储设备的负担，而且对阶调层次也没有太多的改善。

## 2.3.4　印刷分色类型

彩色原稿的颜色要再现到印刷品上，必须先经过颜色的分解（分色），再进行颜色的合成（印刷）。

彩色印刷复制的实现是用多种不同颜色的油墨叠印出来的，因此印前需要对原稿进行色彩分解，不管其上的颜色有多复杂，通过归纳法将其颜色数量减少至几种或几十种，这个过程被称为分色。彩色图片一般被分为 CMYK 四色；大面积色块如金色、银色和荧光色等必须分为专色。

### 1）CMYK 四色分色

印刷复制原稿不管其色彩如何千变万化，都可以由色料青、品红、黄、黑四色以不同的比例组合而成。形成 CMYK 四个色版，而每个色版上的影像分别对应该色油墨的印量和颜色。

在印刷过程中，将四个色版的油墨套印在纸张的同一位置上实现颜色的混合叠印和原稿的彩色还原，即完成颜色复制（图2-20）。

通常把分色过程理解为颜色的分解过程，而印刷过程理解为色的合成过程。

CMYK颜色与印刷PS版一一对应，PS版装在印刷机上，颜色被一色一色地印刷出来，CMYK四种颜色印刷完成后就完成了印刷工序。单色产品就是一色，双色就是两色，同理CMYK四色印刷品就是由四种颜色叠印而成的（图2-21）。

### 2）专色分色

专色分色是指把印刷品中的色彩分解成用指定色彩印刷的色版。如金色、银色和荧光色等，必须用专色版和专色油墨印出，而不能用四色油墨叠印而成。

专色版不一定是四色，可以是一色、两色、三色，也可能是五色、六色，具体依印刷机的色数和客户的要求而定；印刷颜色可以用CMYK四色和PANTONE色，但不局限于CMYK四色和PANTONE色，可以根据需要任意按比例调配（图2-22）。

### 3）专色加四色印刷

图2-23是专色和四色结合为一体的印刷方式。两种不同分色、印刷方式的结合在同一种印刷产品上体现，一般色数为五色、

C100　　M100　　Y100　　K100

图2-20　CMYK四色

C

+

M

+

Y

+

K

=

图2-21　印刷品四色分色图解

六色甚至更多，其中专色用于印刷大面积的实地底色。

专色印刷优点是容易控制印刷产品的色差，颜色密度高、光泽度好，适合印刷高端、大批量产品；CMYK四色的优点是表现图像如照片一样清晰。

专色印刷缺点是对印刷机要求较高，要用五色、六色机印刷，如两次套印会出现因纸张变形、伸缩而导致的重影、漏白等问题。

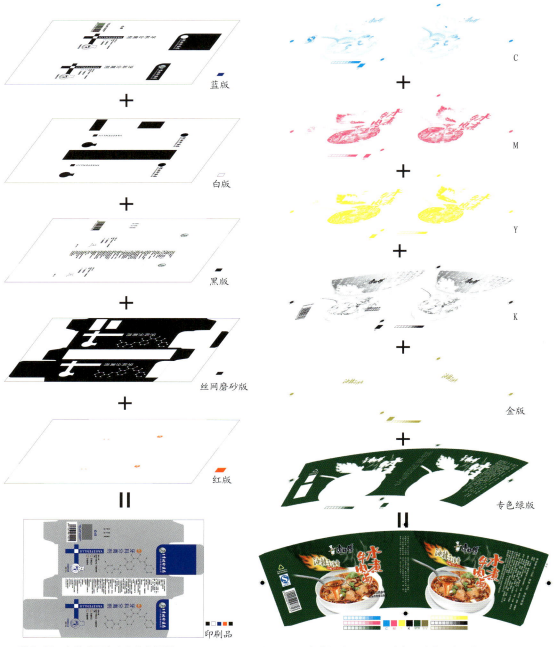

图 2-22　包装盒五色专色分色图解　　　　　图 2-23　包装纸片 CMYK 四色加二专色分色图解

## 2.4　文字处理

文字作为信息传播的重要媒体之一，与位图和矢量图共同组成计算机印刷页面描述数据，即为构成数字文件的三要素之一。文字是以线性排列的文字代码作为信息格式，在输出过程中，每一个文字都是一个独立的图形，经过光栅化处理后由输出设备记录到输出媒介物上。

### 2.4.1　计算机字体分类

按照不同的表述方法，可以将计算机文字分为位图字体（Bitmap Font，或称点阵字）和曲线轮廓字体（OutLine Fonts），曲线轮廓字体包括 True Type 字体和 PostScript 字体。

曲线轮廓字体属于矢量图范畴，包括 True Type 字体、PostScript 字体和 Open Type 字体三类，是目前最实用和完善的计算机字体技术。其整个字型用 Bezier 曲线或 Spline 曲线来描述，即用指令描述字的轮廓，轮廓确定后再填充颜色。操作系统可以通过改变定义轮廓的坐标对字体进行缩放。曲线轮廓字体可以缩小、放大和旋转，放大后边缘不会出现锯齿状，并且占用的磁盘空间一样，而且打印结果与屏幕显示完全相同，所见即所得（图 2-24）。

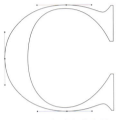

图 2-24　曲线轮廓字体

True Type 字体：True Type 字体是由 Apple Computer 公司和 Microsoft 公司联合推出的一种数学字形描述技术。它用数学函数描述字体轮廓外形，含有字形构造、颜色填充、数字描述函数、流程条件控制、栅格处理控制、附加提示控制等指令。True Type 字体有所见即所得和操作系统的兼容性特点。Mac 机和 PC 机均支持 True Type 字体（图 2-25、图 2-26）。

图 2-25　True Type 字体图标

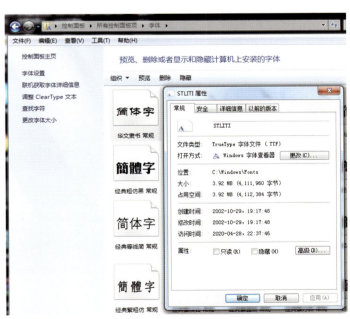

图 2-26　字体文件夹 True Type 属性

PostScript 字体：简称 PS 字体，是 Adobe 公司 PostScript 页面描述语言的一种曲线轮廓字体，主要用于 PS 激光照排机和激光打印机输出。由于计算机不是 PostScript 设备，因而 PS 字体不能在计算机屏幕上显示，在设计系统显示时需使用该字体的位图字体版本。所以在使用 PostScript 字体时应有两套字体，一套用于安装在打印机或激光照排机硬盘上，一套相对应的位图字体安装于计算机系统的字库中。

PS 字体在 Mac 机中使用时，显示会不光滑，而且不能转换为路径，只能在打印时，由打印驱动程序把 PS 字体描述信息传递到打印机或激光照排机，在进行 PS 语言解释过程中，使用 PS 文字时在内存或硬盘字库中寻找该字体用于打印，输出时使用输出设备分辨率，即 PS 字体可以以任何分辨率输出，是和分辨率无关的一种字体（图 2-27）。

Open Type 字体：也称 Type2 字体，是由 Microsoft 公司和 Adobe 公司开发的另外一种新型轮廓字体，Open Type 字体使用一个适用于 PC 和 Mac 计算机的字体文件，因此，我们可以将文件从一个平台移动到另一个平台，而不用担心字体替换或其他可能导致文本重新排列的问题。它们包含了一些当前 PostScript 字体和 True Type 字体不具备的功能，如花饰字和自由连字（图 2-28）。

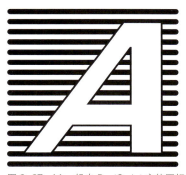　　　　

图 2-27　Mac 机中 PostScript 字体图标　　　　图 2-28　Open Type 字体图标

## 2.4.2　字符的属性

字符是单个字或字母形状、阿拉伯数字、标点符号或字型库里的其他个体。世界上有很多种文字，具有代表性的文字种类有英文和中文等，字符属性的内容包括三方面：一是文字属性，指文本在页面上的外观，包括字体大小、字形和字符宽度等；二是段落属性，指段落在页面上的外观，包括对齐方式、缩排和制表位的位置以及段落前后的空白量；三是段落排式，指段落的字符和段落的格式的集合。

### 1）字体度量

国外字体的磅（Point）制。国外常用磅来表示字体的大小，1 磅约等于 1/72 inch，即 1P=0.35146 mm。

我国的字号制。北大方正、华光系统常用号数来表示字符大小，常用字号有初号、1 号、小 1 号、2 号、小 2 号等依次类推，最小为 8 号（表 2-1）。

表 2-1 字号、磅数制与公制的转换关系

| 序 号 | 号 数 | 磅数 /Point | 尺寸 /mm | 序 号 | 号 数 | 磅数 /Point | 尺寸 /mm |
|---|---|---|---|---|---|---|---|
| 1 | | 72 | 25.305 | 10 | 三号 | 16 | 5.623 |
| 2 | 大特号 | 63 | 22.142 | 11 | 四号 | 14 | 4.920 |
| 3 | 特号 | 54 | 18.979 | 12 | 小四号 | 12 | 4.218 |
| 4 | 初号 | 42 | 14.761 | 13 | 五号 | 10.5 | 3.690 |
| 5 | 小初号 | 36 | 12.653 | 14 | 小五号 | 9 | 3.163 |
| 6 | 大一号 | 31.5 | 11.071 | 15 | 六号 | 8 | 2.812 |
| 7 | 一（头）号 | 28 | 9.841 | 16 | 小六号 | 6.875 | 2.416 |
| 8 | 二号 | 21 | 7.381 | 17 | 七号 | 5.25 | 1.845 |
| 9 | 小二号 | 18 | 6.326 | 18 | 八号 | 4.5 | 1.581 |

## 2）字距

字距是指单个字符之间的距离，中文指字与字之间的距离，英文指字母与字母之间的距离，同时英文单词还有词距的问题，一般情况下词距为一个英文字符格（半个中文字符格），但考虑到标点符号、语法、排版等不同要求，有时字距可稍作调整，英文单词在行头和行尾为确保单词的完整，也会缩小或加大字距，这些都会在软件中自动处理，如果还不能满足要求，就需要手动调节。

## 3）行距

行距是指文字段落行与行之间的空间。其实际大小是行的基线到基线之间的距离，行距可以根据需要任意调节。一般情况下，行距不得大于段落文字之间的高度。

## 4）字体

字体是由一致的视觉特征统一起来的一整套字或字母形状、数字及标点符号的设计。不同的字体可以通过名称识别，如中文字体的黑体和宋体等字体、英文字体的 Arial 和 Palatino 等。不同字体体现不同文字的艺术风格，也体现不同版面特有的设计风格。

## 5）字族

字族是基于同一字体上的一系列字型分类。字族的字型特征包含很多种变形，但仍然保持明显的相似性视觉特征（图 2-29、图 2-30）。

| | | | |
|---|---|---|---|
| Arial Regular | Arial 正规体 | 细黑体 | 方正细黑一简体 |
| Arial Narrow | Arial 窄体 | 中等线体 | 方正中等线体 |
| **Arial Bold** | Arial 粗体 | **黑体** | 方正黑体 |
| ***Arial Bold Italic*** | Arial 加粗斜体 | **大黑体** | 方正大黑体 |
| **Arial Black** | Arial 黑体 | **超粗黑体** | 方正超粗黑体 |

图 2-29 Arial 字族　　　　　　　　　　　　　　图 2-30 方正黑体字族

**6）字库**

　　字库是所有字符、字型的集合，包括阿拉伯数字和标点符号，由专业的字库公司设计推出。每一家公司的字库都有其独特的风格，包括字型差别、字符尺寸等差别，常用中文字库有方正字库、文鼎字库、汉仪字库、创意字库等。

**7）文字的高宽比**

　　文字的高宽比即文字的水平比例（Horizontal Scale）变化，水平比例大于100%的文字会变扁，称为扁体；小于100%会变瘦，称为窄体。文字的高宽比通常不超过50%，否则文字会因过于窄和扁，造成笔画不清晰，从而影响阅读效果（图2-31）。

高宽比为正比例　　　　高宽比为2：1　　　　高宽比为1：2

图2-31　文字的高宽比变化

**8）字体的分类**

　　字体有很多种分类方法，但最主要的一种是根据其清晰度，即字体笔画的粗细将字体分为标题字体、正文字体和装饰字体三类。

　　标题字体有黑体和标宋体等，英文的标题字体有Impact、Suburban、Old English等；

　　正文字体有书宋、报宋等，英文的正文字体有Times New Roman、Arial、Garamond等；

　　装饰字体也有广泛的应用，如英文的Painted、Modula、Calligraphy、Sand等，中文的方正彩云体、方正黄草体、方正少儿体等（图2-32、图2-33）。

| **Impact** | 因派克体 | **超粗黑体** | 方正超粗黑体 |
| **Dutch** | 达齐体 | **方正综艺简体** | 方正综艺简体 |
| **Tiffany** | 提凡体 | **方正大标宋简体** | 方正大标宋简体 |

图2-32　英文和中文标题字体

| Times | 时报罗马体 | 细黑体 | 方正细黑一简体 |
| Arial | Arial字体 | 中等线体 | 方正中等线体 |
| Garamond | 加纳蒙字体 | 宋体 | 宋体 |
| **Century** | 世纪字体 | 仿宋体 | 方正仿宋体 |

图2-33　英文和中文正文字体

## 2.4.3　文字处理的注意事项

**1）字号使用和笔画设置**

　　一般书版和报版的正文使用5号字，标题应大于3号字。文字字号和笔画设置不能过小，印刷品的作用是传递有用的图文信息，如果文字的字号和笔画设置得过小，会导致人们阅读困难，视觉效果不佳。特别是在深底色上印刷小白字时，在多色套印的情况下，小白字效果会难以辨认。同样地，文字的笔画设置过细也会在印刷和阅读上带来困难。因此，在设计时要尽量避免这些问题。

### 2）文字的叠印和陷印

凡是黑色和灰色文字（70% 灰度以上）都采用叠印，以避免因套印问题而露白，而且印刷出来字的效果墨色厚实，视觉效果好。对于彩色文字存在套印问题的，要采用取陷印值的办法解决，陷印值的大小要根据印件的情况而定。

### 3）文字设色

彩色文字套印最好使用双色，这样可以避免套印误差或印刷纸张在受力作用下变形而引起的套印不准。对于多色的文字存在套印问题，特别是小字最为明显，小字的设色一般不超过3色，如果有 3 色文字套印，其中一色可选黄色，因为黄色的颜色较浅，人的视觉对黄色不敏感，即使存在套印不准的问题也不容易看出。

### 4）文字转换路径

使用 True Type 字体或 Open Type 字体的设计文件，输出前要在矢量图软件中把文字转换为路径，使文字成为相当于矢量图形性质的对象。这样对于没有该字体的激光照排机、打印机也能输出。转换为路径的字体具有线条和封闭路径的属性，而文字只有填充属性，要注意区别。文字一旦转换为路径后不能再作为文字编辑。

### 5）文字加粗问题

有些设计软件和文字软件有字体加粗的功能，一般英文字体都会提供 Regular、Bold、Thin、Light 等功能；中文字体加粗一是从字库选择粗体，二是描边加粗，如 CDR、AI 等软件，Word 的 Bold 功能。

## 2.4.4  OCR 文字处理

OCR 光学字符识别（Optical Character Recognition，OCR），是指电子设备（例如扫描仪或数码相机）检查纸上的字符，通过检测暗、亮的模式确定其形状，然后用字符识别方法将形状翻译成计算机文字的过程，是一种能够将文字自动识别录入电脑中的软件技术，能够将 PDF、JPG 等格式图片转换为可编辑的 Word 文档，具有节省时间、提高印前效率的功能，如汉王OCR、清华紫光 OCR、方正 OCR 和得力 OCR 等（图 2-34）。

## 2.5  专业印前制作

印前设计是在印刷稿完成的基础上，根据印刷工艺需求进行专业技术处理，包括出血、陷印、叠印、裁切线、色彩模式运用等。

（a）汉王OCR　　　　　　　　　　　　（b）清华紫光OCR

（c）方正OCR　　　　　　　　　　　　（d）得力OCR

图2-34　OCR各类型软件

### 2.5.1　出血

　　出血是指从印刷裁切边缘向外扩展纸张及其在上面印刷图文信息，超出部分大约3 mm的印刷工艺处理。出血线以外的内容，即需裁切掉的部分，用于解决印刷和折页时产生的误差，从而确保裁切后图文信息在纸张的边缘而不露白，提高印刷产品合格率和美观度。设计时，印刷内容切勿紧靠出血位，文字需与出血位保持一定的距离。

　　出血设计的一般方法是在一个规定好的页面上（即成品尺寸＋出血尺寸），重新设置好一个"扩充"的边界，这个扩充量被称为"出血量"，大约3 mm，是图文信息超出裁切边界而形成的额外的"外边界"（图2-35、图2-36）。

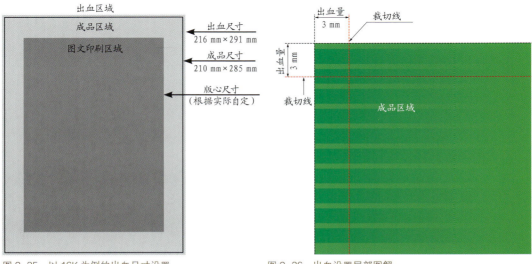

图2-35　以16K为例的出血尺寸设置　　　　　　图2-36　出血设置局部图解

应用软件 CorelDRAW、Adobe Illstrator、Adobe Indesign 等和一些拼版软件都具有设置出血的功能，出血量可选择 3 mm、5 mm、10 mm 等，具体用哪一个合适是根据印刷品要求和纸张的尺寸来决定。例如，海报、宣传页、书籍留 3 mm 出血；瓦楞纸产品包装箱留 5 ~ 10 mm 出血，这是因为纸张的厚度和延展度增加，误差值增大，出血尺寸也应该随之增大。

**实例三　用 CorelDRAW 绘制 16K 宣传页出血线**

第一步：安装 CorelDRAW 2019 软件，点击"下一步"，按需要选择各选项，最后安装完成（图 2-37）。

第二步：启动 CorelDRAW2019 软件，新建一个 216 mm×291 mm 的"16K 宣传页"文件（图 2-38）。

CDR绘制16K
宣传页裁切线
教程

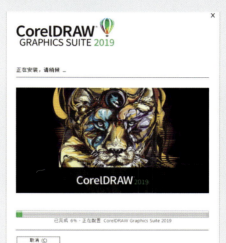

图 2-37　安装 CorelDRAW 2019 软件

图 2-38　新建 16K 宣传页

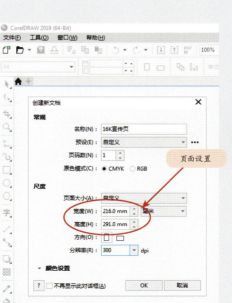

第三步：双击软件左边工具栏的"矩形工具"生成与页面一样大的图形，然后点击软件右面的"默认调色板"，填充颜色（这里填充青色为例）并去掉边框线填充（图2-39）。

第四步：在绘图区左上角角点位置，将辅助线用鼠标左键点击拖至页面图形的左上角角点，定位图形的左上角为0，0辅助线坐标原点（图2-40）。

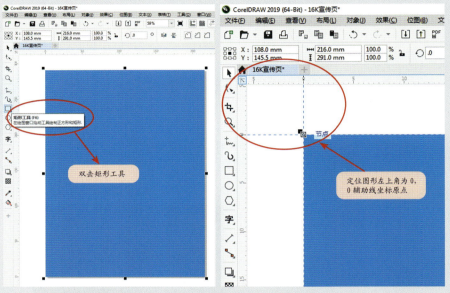

图2-39　生成图形并填充颜色　　　　图2-40　定位图形的左上角为辅助线坐标原点

第五步：沿绘图区边缘按住鼠标左键拖出辅助线，将X坐标调整到3、213mm处，将Y坐标调整到-3、-288mm处，建立4根辅助线（图2-41）。

第六步：用左边工具栏的"2点线工具"绘制5mm长，0.1mm宽的裁切线，并移动至图形的左上角为0，0坐标原点（图2-42）。

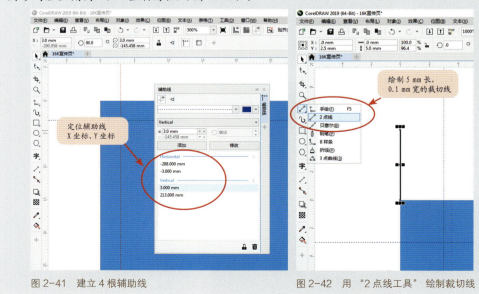

图2-41　建立4根辅助线　　　　图2-42　用"2点线工具"绘制裁切线

第七步：用"变换"浮动面板的"位置"工具精确复制裁切线到图形的四个角位置，并设置裁切线颜色为C100、M100、Y100、K100（图2-43、图2-44）。

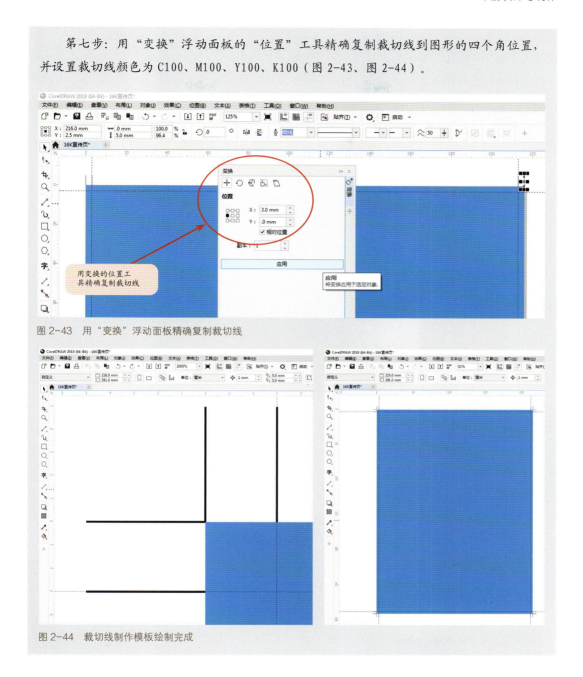

图2-43　用"变换"浮动面板精确复制裁切线

图2-44　裁切线制作模板绘制完成

## 2.5.2　陷印

陷印（trapping）也称补露白、扩缩，主要是为了弥补因印刷套印不准而造成两个相邻不同颜色之间的露白现象。印刷中两种颜色相交的地方在不做陷印的时候可能会有偏移，产生白边或颜色混叠，陷印就是在相交的地方利用相交的两种颜色互相渗透，避免产生露白。

### 1）陷印问题的原理

露白现象是由于纸张的伸缩、印版的变形和套印的偏差等产生，这种露白现象严重影响印刷品质量，甚至导致产品缺陷或报废。例如：在青色（C）背景上有一个品红色（M）的不透明圆，分色后生成的胶片上，品红版上是实地的圆，而青色版上相对应的位置是"挖空"的圆，这两个圆一样大。在印刷过程中，由于纸张的伸缩、印版的变形和套印的偏差等多种原因，会造成印刷品上青色圆周出现没有着墨的露白（纸白）现象（图2-45、图2-46）。

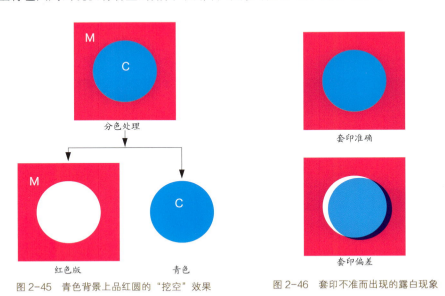

图2-45　青色背景上品红圆的"挖空"效果　　　图2-46　套印不准而出现的露白现象

### 2）处理陷印的原则和方法

实施陷印处理也要遵循一定的原则，一般情况下是扩下色不扩上色，扩浅色不扩深色，还有扩平网而不扩实地。有时还可进行互扩，特殊情况下则要进行反向陷印，甚至还要在两邻色之间加空隙来弥补套印误差，以使印刷品美观。

目前，陷印功能在应用软件和专业的陷印软件中都可以实现操作，常见的陷印处理方法主要有5种。

①单色线叠印法：在色块边上加浅色线条，并将线条属性选为叠印。

②合成线法：在色块边上加合成线，线条属性不选为叠印。

③分层法：在不同的层上通过对元素内缩或外扩来实现陷印。非连续调边界的陷印，在颜色交界处由浅色向深色一方扩张，深色为原来大小。扩张的宽度被称为陷印值，这样使两种颜色边沿相交产生叠印，如果套印不准，也不会使纸张的白色直接露出（图2-47）。

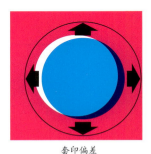

套印偏差

图2-47　陷印宽度（浅色向深色一方扩张）

④移位法：通过移动色块中拐点的位置来实现内缩或外扩，一般用在与渐变有关的陷印中。

⑤让空法：当背景为复合色深色而前景被挖空（如常见的"反白"文字）时，对CMY三个色版与K版重叠的位置向黑色方向收缩，而K版保持不变，目的是保证前景色轮廓如果有套印偏差时，其轮廓仍然由k版决定，而不会在反白的边界出现其他颜色。

陷印量的大小要根据承印材料的特性及印刷系统的套印精度而定，由于各种印刷品所采用的印刷工艺各不相同，因此陷印值应根据实际情况决定，印刷品要求越高，套准精度越高，陷印值也就越小（表2-2）。

表2-2　常见陷印参考数据表

| 印刷方式 | 承印材料 | 网点线数/lpi | 陷印值/mm |
|---|---|---|---|
| 单张纸胶印机 | 有光铜版纸 | 150 | 0.08 |
| | 无光纸 | 150 | 0.08 |
| 卷筒纸胶印 | 无光铜版纸 | 150 | 0.10 |
| | 无光商业印刷纸 | 133 | 0.13 |
| | 新闻纸 | 100 | 0.15 |
| 柔性版印刷 | 有光材料 | 133 | 0.15 |
| | 新闻纸 | 100 | 0.20 |
| | 牛皮纸（瓦楞纸） | 65 | 0.25 |
| 丝网印刷 | 纸或纺织品 | 100 | 0.15 |
| 凹印 | 有光表面 | 150 | 0.08 |

### 3）在设计中预先处理

①原色过渡：在CMYK四色印刷中，当两个对象至少共享20%的同一种颜色时就可以不作陷印处理。如背景色包含25%的C和70%的Y，而字母B包含80%的K和35%的Y，可以看出这两种颜色含有共同成分35%的Y。这样在黄色的分色片上黄色是连续的，因此即使是字母中的黑色成分没有准确套准，也只会露出黄色而不是纸白（图2-48）。

②不做陷印的两种情况：一是不要让页面元素相互接触或只用单色印刷；二是相邻颜色有足够的CMYK四色之一的共同成分。

## 2.5.3　叠印

叠印（压印）是一种颜色叠印在另一种颜色上。不过印刷时特别要注意黑色文字在彩色图像上的叠印，不要将黑色文字底下的图案镂空，不然印刷套印不准时黑色文字会露白边（图2-49）。

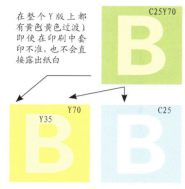

图2-48　原色过渡避免露出白色

黑色文字底下的底色镂空，印刷套印不准时露白边　　黑色文字叠印在底色上的完美效果

图2-49　黑色文字叠印与底色镂空效果对比

一般情况下只有黑色的字或黑色的图形做叠印处理，其他的颜色默认正常的输出。

### 2.5.4　裁切线

裁切线也称出血线，是界定印刷品的哪些部分需要被裁切掉的线，裁切线的粗细为 0.1 mm，长度按实际需要而定，一般是 3 ~ 5 mm。裁切线的颜色采用四色黑或套版色均可（图 2-50）。

中规套印标记

角规套印线

图 2-50　印刷版面上的套印标记和裁切线

### 2.5.5　颜色模式运用

印刷文件颜色模式为 CMYK 和灰度模式，其他的 RGB、Lab 等颜色模式要在 CorelDRAW、Adobe Photoshop、Adobe Illustrator 等应用软件中，转换为 CMYK 颜色模式后才能做印刷输出（图 2-51、图 2-52）。

图 2-51　PS 图像模式转换为 CMYK　　　　　　图 2-52　CorelDRAW 文件属性检查

## 2.6 拼版

拼版也称组版，是将 32 K、16K、8K 等小开度印刷页面按照印刷工艺要求和一定规律用手工或应用软件拼合为一个印刷版，以提高效率和节约成本。拼版的主要软件有拼书版，大版一般用柯达 Preps，小版用 QarXkess、InDesign，包装盒用 Adobe Illustrator、Adobe Acrobat（附带拼版插件 qiplus）、Freehand、CorelDRAW 拼版。

### 2.6.1 折手

折手是在印前处理时，将数个小页面按一定规则和顺序拼合在一张大规格纸张上，印刷完成后按规则和顺序折为原来的小页面，这个过程叫折手处理。目的是采用大幅面印刷机来印刷以降低成本，如一张纸可以印刷 4 k、8 k、16 k、32 k 或更多的小页面，经过数次折叠和裁切边缘，形成按页码顺序排列的书籍或小册子。

4 页折手是指外页安排第 1 页和第 4 页，内页安排第 2 页、第 3 页，4 页折手的 3 个边是开放的（图 2-53）。

相对于 4 页折手，8 页折手正反版面的页面安排要复杂许多，8 页折手产生了两个折页边，其中一个可以做装订边，而另一个边必须做裁切，以解决页面分不开的问题。一个 8 页折手，按照纸张尺寸、大小、平行页边和折手的数量至少可以设计 8 种不同的折法，由于折手处理的复杂性，只有经过不断的实践和学习，才能很好地理解和掌握（图 2-54）。

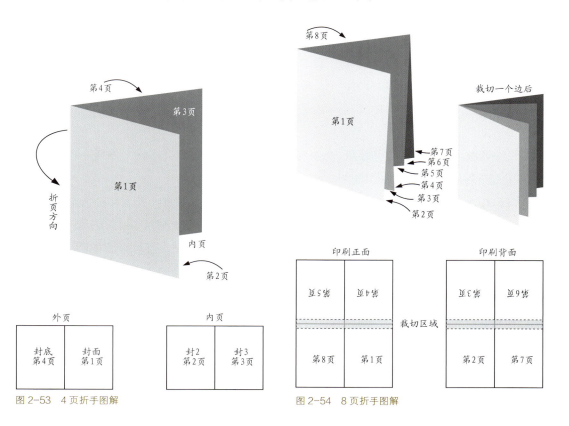

图 2-53　4 页折手图解　　　　　　　　　　　图 2-54　8 页折手图解

对一张纸的折叠可以有多种多样的选择，所以对复杂的折手必须要严格规定一个特定的折页规则和顺序，这样各个小页面在大版上的位置才能确定（图2-55）。

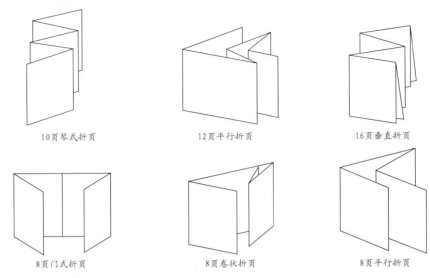

10页琴式折页　　　　　　　12页平行折页　　　　　　　16页垂直折页

8页门式折页　　　　　　　8页卷状折页　　　　　　　8页平行折页

图 2-55　常见的折手形式

## 2.6.2　大版的四种版式

拼版的过程是将设计定稿的单版，用拼版软件组排成为一个印刷大版的过程。在拼版的过程之前，需要根据后续工序的加工方式及机械选择相应的组版方式，特别是一些需要进行折页的书籍类印刷品，更要根据所处印刷厂的折页机型号和加工工艺等进行恰当的拼版方式选择。

同一印刷品，使用不同的拼版和印刷方式，在拼版时对页面的安排都会有不同。

一般常用的拼版方式可以分为以下几种：

①单面版：只需要印刷一个面的印刷品，即只需要印刷正面，背面不需要印刷，如包装、海报等。

②正背版：也称双面版、正反版，指正反两面都需要进行印刷的印刷品，如宣传单、书籍等。正背版只有一个咬口，要二套 PS 版（图2-56）。

③横转版：也称自翻版、翻身版，适用于书刊类印刷品。如有一本 16K 的杂志封面，分为封1、封2、封3、封4 四个版面，在拼版时将封1和封4、封2和封3横向拼在一起，再将封1和封4、封2和封3头对头地拼在一个 4K 的版面上进行印刷。当一面印刷完成后，将纸张坐标 Y 轴（横转）180°，用反面继续印刷，印刷完成后，将印刷品从中间切开，就可以得到两件完全一样的印刷品。

横转版只有一个咬口，一套 PS 版（图2-57）。

④翻转版：也称滚翻版、打滚翻，是在纸张的一面印刷之后，再将纸张沿坐标 X 轴翻转180°（竖转）印刷背面，但以纸张的另一长边作为咬口边。这种拼版方式因浪费纸张而较少使用，但有些印刷品也适用这种拼版。

翻转版有两个咬口，一套 PS 版（图2-58）。

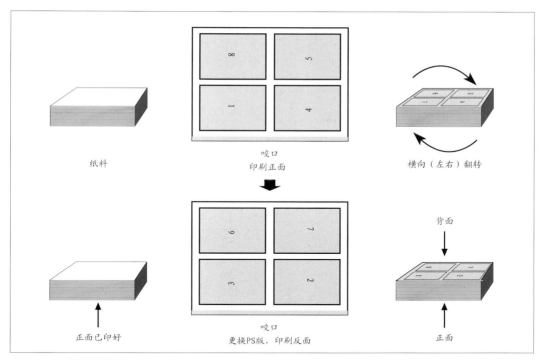

图 2-56　正背版印刷流程

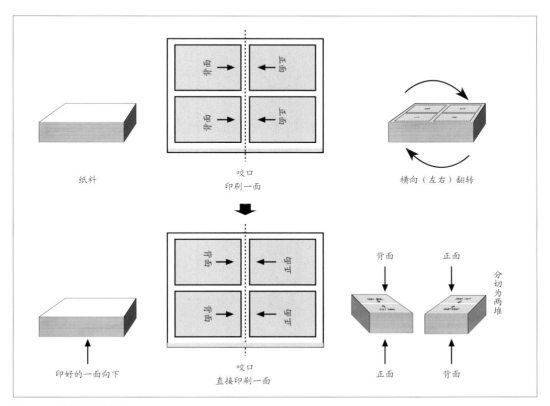

图 2-57　横转版印刷流程

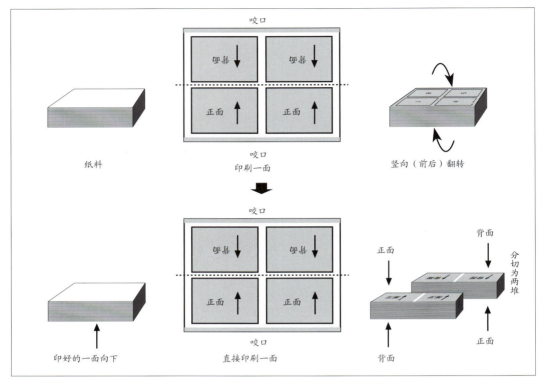

图 2-58　翻转版印刷流程

## 实例四　自翻版的拼法

　　自翻版在书籍类、宣传页等双面印刷等印件上使用广泛，自翻版的特点是只有一个咬口，一副 PS 版。本案例通过一个书籍封面的 4 开版的拼版，使用软件 CorelDRAW 2019 软件来分步操作和演示。

　　第一步：从电脑启动栏点击 CorelDRAW 2019 或双击图标启动软件（图 2-59）。

　　第二步：在 CorelDRAW 2019 软件里打开一个需要拼版的文件，该印件要求：①印件类型：书籍封面、骑马钉装订；②成品尺寸：420 mm×285 mm；③出血：3 mm；④印刷方式：四色胶印；⑤版式：自

图 2-59　安装 CorelDRAW2019 软件

翻版；⑥纸张：200 g 哑光铜版纸（图 2-60）。

书籍封面、封底设计稿

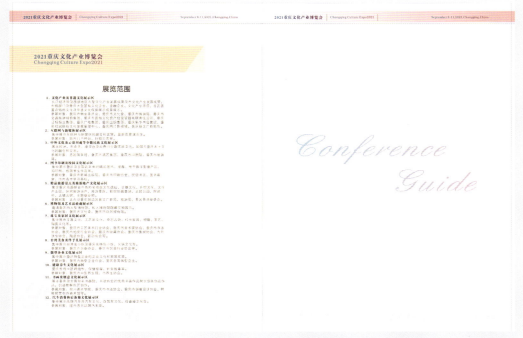

图 2-60　书籍封面 2、封 3 设计稿

　　第三步：在 CorelDRAW 2019 软件中，新建一个名为"会议指南－拼版"的文件，根据设计文件 426 mm×291 mm 的尺寸，设页面尺寸为 582 mm×426 mm（图 2-61）。

第四步：参照"实例三：用CorelDRAW绘制16K宣传页出血线" 第三步至第七步绘制出血线拼版模板（图2-62）。

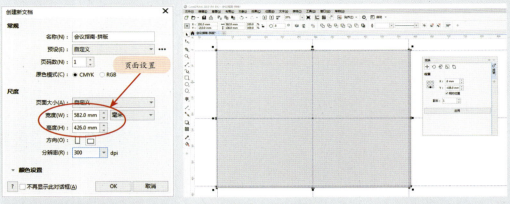

图2-61　在"选项"中设置尺寸　　　图2-62　绘制出血线拼版模板

第五步：打开"会议指南"设计文件，分别对封面和封底、封2和封3的文字、透明度和阴影等效果转曲处理，然后把封面和封底群组后拷贝，粘贴到拼版页面，并用"变换"工具旋转90°，用"对齐与分布工具"对齐模板右边；群组并拷贝封2和封3到拼版页面，并用"变换"工具旋转-90°，用"对齐与分布工具"对齐模板左边（图2-63）。

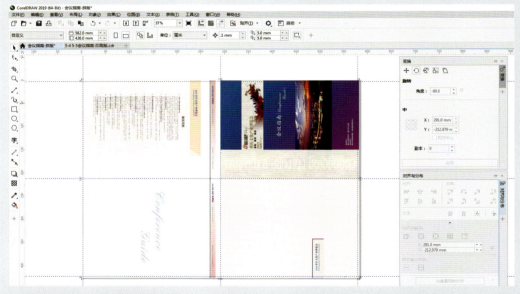

图2-63　封面和封底、封2和封3拼版

第六步：检查核对文件位置与信息、裁切线是否正确，拼版完成（图2-64）。

第七步：输出印刷PDF文件。

方法一：用CorelDRAW 2019打印，"Ctrl+A"全选文件得知页面最大尺寸为592 mm×436 mm，在"布局"中修改"页面大小"为592 mm×436 mm（因为页面尺寸外的部分不能输出），"Ctrl+P"打印，选择 PS 打印机，生成"会议指南－分色.prn"文件，再使用 Adobe Acrobat×Pro 自带的 Adobe Distiller 软件将 prn 文件转换为 PDF 印刷文件（图 2-65、图 2-66）。

图 2-64　拼版完成后的标准印刷四开自翻版

图 2-65　选择虚拟打印机打印生成 prn 文件

图 2-66　Acrobat Distiller 转换为 PDF 印刷文件

方法二：直接用 CorelDRAW 2019 导出，"Ctrl+A"全选文件得知页面最大尺寸 592 mm×436 mm，修改左上方"页面大小"为 592 mm×436 mm（因为页面尺寸外的部分不能输出），菜单"文件"中选择"发布为 PDF"，按图 2-67 设置，点击"保存"生成 PDF 印刷文件"会议指南 - 拼版"。

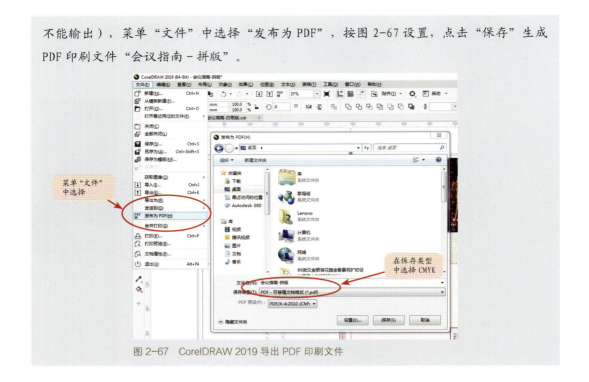

图 2-67　CorelDRAW 2019 导出 PDF 印刷文件

# 2.7　分色（RIP）

电子分色（Raster Image Processor，RIP）简称分色，是将页面文件中的各种图像、图形和文字解释为打印机或照排机能够记录的点阵信息，将图像点阵信息记录在纸上或胶片上。

RIP 作为数码打样机及激光照排机等输出设备的翻译器，是计算机处理好的页面文件输出到不同介质时必不可少的枢纽环节，在印前工艺中占有极其重要的地位。大幅面激光照排机和 CTP 的推出使 RIP 的功能不断在加强，如拼大版、大版打样、最后一分钟修改、预视、预检、光栅化、成像等功能都已经包括在 RIP 之中。有的 RIP 还涉及印后装订，少数 RIP 还能把涉及网点、油墨的一些印刷数据传送给印刷机。

## 2.7.1　分色类型

RIP 通常分为硬件 RIP 和软件 RIP、软硬结合 RIP 三种类型。其中软件 RIP 发展迅速，得到广泛应用。软件 RIP 是通过软件来进行页面的计算，将解释好的记录信息通过特定的接口卡传送给照排机，因此软件 RIP 要安装在一台计算机上，在目前计算机速度明显提高的前提下，RIP 的解释算法和加网算法也不断改进，加上软件 RIP 升级容易，可以随着计算机运算速度的提高而提高，软件 RIP 接收页面数据的方式比较灵活，可以有网络打印方式，可以由组版软件解释 PS 文件，也可以采用批处理的方式解释 PS 文件，因此越来越受到用户的青睐（图 2-68）。

图 2-68　印前处理系统工作场景

## 2.7.2　分色文件格式

目前印刷行业分色文件主要有 PS（PostScript）、PDF（Portable Document Format，便携式文件格式）两种格式。

PS 文件格式是由美国 Adobe 公司开发的一种专门为打印文字、图形和图像而设计的页面描述语言，它以独立于设备的方式完美地描述版面信息，PS 语言可以描述一系列的位图、矢量图、文字及其这些对象之间相互关系精美的版面，而且这种描述与设备无关，在印刷出版领域中占据着重要地位。

PDF 文件格式是 Adobe 公司开发的继 PS 文件格式之后另一种印刷出版行业新的页面描述标准，与 PS 相比，其具有开放式页面、跨平台、文件量小、还原真实和可以预览等优点，有替代 PS 文件格式的优势和趋势，目前已广泛使用。

### 实例五　运用 Adobe Acrobat 软件检查印刷文件

Adobe Acrobat X Pro 是由 Adobe 公司开发的一款 PDF 文件编辑软件，在印刷行业中，可以虚拟打印预览、印前检查、校正和准备用于高端印刷制作和数字出版的 PDF 文件。

第一步：安装 Adobe Acrobat X Pro 软件（图 2-69、图 2-70）。

第二步：点击电脑启动菜单中的 Adobe Acrobat X Pro 软件，启动软件，打开文件"会议指南－拼版"（图 2-71）。

第三步：在 Adobe Acrobat X Pro 软件的右边工具栏上点击"工具"按钮，点击展开后再点击子选项"设置页面框"按钮，弹出对话框，选择更改页面大小，每边扩大 15 mm 用于放置印刷信息标记，即由 592 mm×436 mm 扩大为 622 mm× 466 mm（图 2-72）。

第四步：在 Adobe Acrobat X Pro 软件的右边工具栏上找到"工具"按钮，点击展开后再点击子选项"添加打印机标记"按钮，弹出对话框，再勾选"所有标记"按钮（图 2-73、图 2-74）。

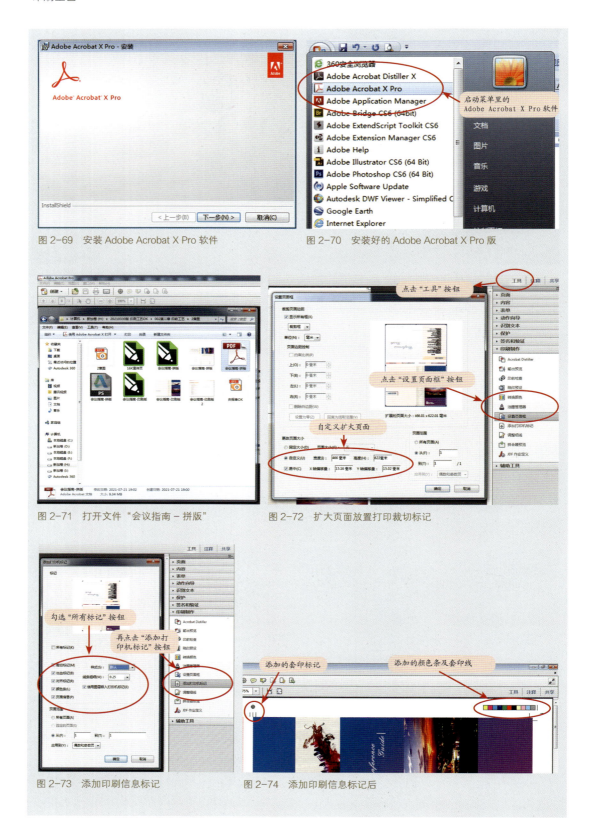

图 2-69　安装 Adobe Acrobat X Pro 软件

图 2-70　安装好的 Adobe Acrobat X Pro 版

图 2-71　打开文件"会议指南－拼版"

图 2-72　扩大页面放置打印裁切标记

图 2-73　添加印刷信息标记

图 2-74　添加印刷信息标记后

第五步：在 Adobe Acrobat X Pro 软件的右边工具栏上找到"工具"按钮，点击展开后再点击子选项"输出预览"按钮，弹出对话框，再在分色单独勾选青色、品红、黄色、黑色按钮查看页面信息是否正确（图 2-75）。

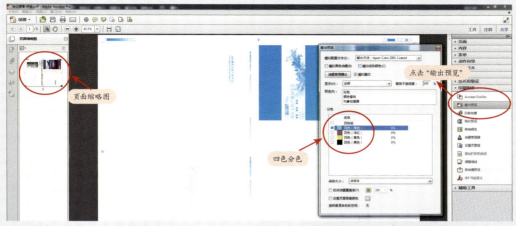

图 2-75 检查四色分色页面是否正确

## 实例六 运用 AI 软件打印生成 PDF 文件

PS 文件转换为 PDF 文件是目前使用最常见、最普遍的方法，本案例（以 Windows XP 为平台）使用 Adobe Illustrator CS6 和 Adobe Acrobat X Pro 软件，将 PS 文件转换为 PDF 文件用于印刷。

实际上，PS 文件直接可以出片印刷，因 PDF 有跨平台性、可视性、高稳定性和文件小等优点，得到迅速普及和发展，目前是印刷行业标准页面输出文件。

第一步：安装 Adobe Acrobat X Pro 同上（略）。

安装 Adobe Illustrator CS6 软件（图 2-76、图 2-77）。

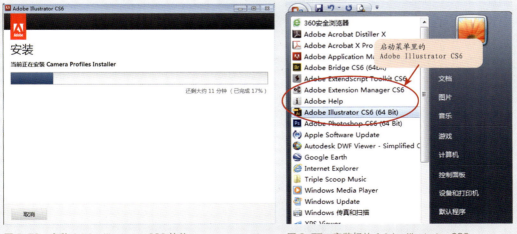

图 2-76 安装 Adobe Illustrator CS6 软件　　图 2-77 安装好的 Adobe Illustrator CS6

第二步：在 Adobe Illustrator CS6 软件里打开一个需要分色的文件"夹报单 OK"，选择软件自带的 Postscript 打印机和 Adobe PDF 打印机，介质大小选择"自定"，可自动计算印刷信息标记所需尺寸，可打印单色、四色或四色以上（四色＋专色）的印刷文件，而且专色没有限定色数，功能强大。

在对话框一步一步地按需求设置，设置完成后点击"存储"，完成 PS 文件的生成（图 2-78 至图 2-81）。

图 2-78　选择 Adobe PostScript 打印机和 PDF　　图 2-79　勾选"标记和出血"的全部选项

图 2-80　选择分色模式、打印机分辨率和叠印方式　　图 2-81　打印生成 PS 文件

第三步：启动 Adobe Distiller 软件（在安装 Adobe Acrobat X Pro 时，计算机附带一起安装），点击"打开"PS 文件，会在相同文件夹里面生成同名的 PDF 文件（图 2-82、图 2-83）。

第四步：到此，PS 文件成功地转换为 PDF 印刷文件，用 Adobe Acrobat X Pro 打开该文件，检查文件的内容、分色、裁切线、套印线、色标等是否正确（图 2-84）。

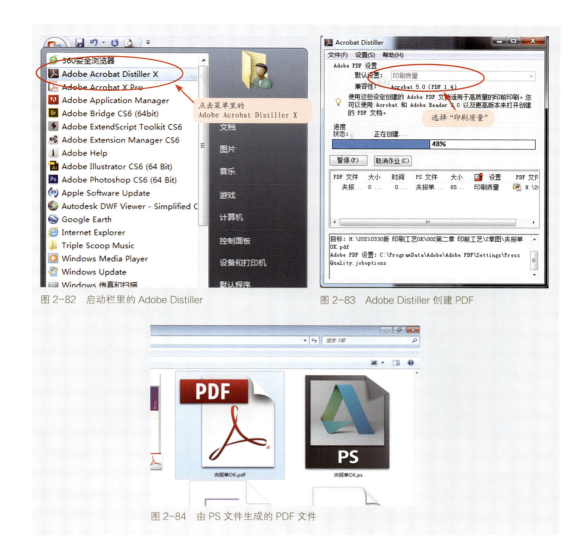

图 2-82　启动栏里的 Adobe Distiller　　　图 2-83　Adobe Distiller 创建 PDF

图 2-84　由 PS 文件生成的 PDF 文件

## 2.8　打样

　　打样是按照印刷生产工艺流程少量试印，在印刷生产前印刷出校样稿或用其他方法显示制版效果的工艺。目的是确认印刷生产过程中的设置、处理和操作是否正确，为客户提供最终印刷标准样品（简称标样），要求在视觉效果和质量上与最终印刷品完全一样。

手工纸盒打样

　　标样是印刷品质量控制和与客户沟通交流的重要依据，其作用主要体现在以下两方面：一是标样可以帮助用户检查文档中所包含的各种信息，以便及时进行修改，如字体、图像、颜色和页面设置等。颜色在打样中最难控制，因为不同的承印材料、油墨和网点增大率都会引起标样色彩的变化。二是标样可以用作客户和印刷企业之间的合约。标样作为合同附件，应精确提供与最终印刷品一致的颜色。

　　打样是印前工艺与印刷之间衔接的工序，让用户在印刷前预见最终印刷品效果。目前，在印刷行业中常用的打样方法主要有软打样、传统打样和数码打样三种。

### 2.8.1　软打样

用彩色显示器实现软打样，无疑是最方便、最快速、最便宜的一种打样方法，印刷传统硬打样流程烦琐、修改成本高；软打样看似方便，但对软硬件要求高，更考验软硬件真实模拟印刷效果的能力，从而减少出现印刷输出色差问题。

软打样要求彩色显示器的颜色还原性要高，且必须经过正确校准，并且彩色显示器的色彩管理系统必须符合国际色彩协会制定描述设备色彩表现力的标准 ICC Profile（色彩描述文件），以实现不同设备之间的色彩空间转换与色彩匹配。主要有 NEC 专业显示器、明基印刷级专业摄影显示器和艺卓专业显示器等（图 2-85）。

图 2-85　BenQ SW321C 印刷级专业摄影显示器

### 2.8.2　传统打样

传统打样常用的是胶印打样，需要输出胶片和晒 PS 版，然后在胶印打样机上完成打样。其优点是传统打样和印刷使用相同的数字文件和工艺，可以发现潜在龟纹、版式和字体等问题，在对专色和金属色打样时，效果与印刷生产结果一样。而数字打样对专色和金属色表现则有局限性，其缺点是需要有专业的技术人员才能获得准确的样张，且人工劳动强度较大，涉及的工序多、成本较高、打样周期也较长。颜色虽然最准确，但如有修改，就要重新输出菲林片，并重新打样，工序烦琐且耗费时间（图 2-86）。

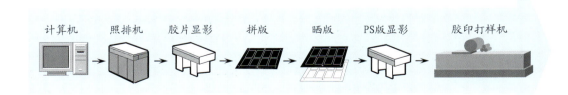

图 2-86　传统胶印打样工艺流程

### 2.8.3　数码打样

数码印刷（也称数字打样）是用计算机直接在数字印刷机上输出印刷品的印刷方式，即将电子文件通过数字印刷机直接成像在印刷介质之上，有别于传统印刷烦琐的工艺过程，是现代印刷生产工艺流程的关键环节。排除传统打样人为因素与外界因素的影响，大大提高了打样输出质量的稳定和效率，缩短了打样流程，降低了打样成本。

数码打样作为印刷工艺流程的重要组成部分，已成为印刷行业发展的必然趋势，它决定了未来打样将主要采用数码打样技术，并逐步淘汰传统的打样方法（图 2-87 至图 2-89）。

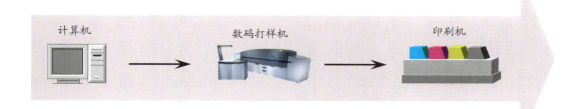

图 2-87　数码打样工艺流程

图 2-88　惠普 HP Indigo 5600 数码打样机

图 2-89　EPSON 数码打样机

## 2.9　输出

数字印刷文件印前处理完成后，最后一个环节是将文件信息记录在某种介质上，达到使用目的。按照输出目的不同，输出的介质也各不相同，相应的工艺流程也有很大的差别。

数字印刷文件主要的输出方式有打印机、激光照排机、计算机直接制版机和计算机直接在印刷机上输出印刷品等输出方式。

### 2.9.1　打印机输出

打印机是印前最主要和最常用的输出设备，用于校对样张上的彩色、单色和图文信息的正确性。另外打印机还大量应用在现代办公自动化和影像行业等。按照打印原理的不同，打印机

数码喷绘
打样机

可分为激光打印机、喷墨打印机和数码打样机等，主要品牌有 Epson、HP、Canon 等（图 2-90）。

Lenovo LJ3700D 黑白激光打印机

彩色喷墨打印机

Epson L101 墨仓式彩色喷墨打印机

图 2-90　各型打印机

### 2.9.2　激光照排机输出

激光照排机（Image setters）是在胶片上曝光成像的输出设备，或称为图像记录仪，激光照排机是能同时输出文字和图像的光机电一体化设备。根据机械结构不同，可将照排机分为平台式照排机、绞盘式照排机和内滚筒式与外滚筒式照排机（图 2-91）。

### 2.9.3　计算机直接制版机输出

CTP制版工作
流程

计算机直接制版（Computer To Plate，CTP）是使用计算机直接在印版上生成印刷图像的技术。CTP 技术最早出现于 20 世纪 80 年代，能缩短印前制版工艺流程，减少了胶片、晒版和冲版等环节，提高了生产效率和印刷质量。目前 CTP 已进入实用推广阶段，有替代传统制版的趋势（图 2-92）。

图 2-91　Creo 800V2 内滚筒式照排机

图 2-92　Kodak trendsetter 800 Ⅲ CTP 直接制版机

### 2.9.4　计算机直接在印刷机上输出印刷品

计算机直接在印刷机上输出印刷品实际上就是数字印刷，即将电子文件通过数字印刷机直接成像在印刷介质之上，是有别于传统印刷烦琐工艺过程的一种全新印刷方式。按数字印刷机的不同用途、档次和开度可分为数字打样机和数字印刷机，目前数字印刷机已实现高速、大幅面印刷并应用于工业化生产（图 2-93）。

图 2-93    HP Indigo 12000 数字印刷机

## ◆ 实训任务

1.扫描彩色照片：用电脑扫描 10 寸彩色照片一张，扫描分辨率为 350 dpi，要求设置、步骤与操作方法，存储为 TIFF 格式。

2.用分辨率求打印尺寸：要求打印一张分辨率为 300 dpi 的照片，数码相机拍摄的水平像素为 2400 ppi，问这张照片可以打印多少英寸？

3.拼书籍封面自翻版：拼 16 开书籍封面自翻版一块，要求版面尺寸准确，内容完整，使用软件 CorelDRAW 软件完成。

4.运用 Adobe Acrobat 软件检查 PDF 印刷文件：用 Adobe Acrobat X Pro 软件检查一个印刷文件，检查内容包括版面尺寸、CMYK 分色、套印标记、裁切标记等信息是否正确。

5.运用 Adobe Illustrator 软件打印生成 PDF 文件：运用 Adobe Illustrator 软件虚拟打印，第一步生成 PS 文件；然后再用 Adobe Illustrator 软件转换为 PDF 文件。

# 3 印刷类型及工艺

印刷是由印刷机来实现，印刷机（printing press）是印刷文字和图像的机器。印刷机一般由装版、涂墨、压印、输纸（包括折叠）等部分组成，其工作原理是先将要印刷的文字和图像制成印版，装在印刷机上，然后由人工或印刷机把墨涂敷于印版上有文字和图像的地方，再直接或间接地转印到纸或其他承印物（如纺织品、金属板、塑料、皮革、木板、玻璃和陶瓷）上，从而复制出与设计相同信息的印刷品。

## 3.1 印刷环境要求

印刷环境要求较高，需要恒温、恒湿和通风，一般温度恒定为 20℃，湿度保持在 55%～65%。印刷环境要求安装中央空调或多台大功率台式空调、除湿机、湿度调节器等设备，使室内长期保持在一个相对稳定的工作环境，以确保达到印刷环境中的消除静电、防止承印物伸缩变形、避免承印物起皱、降低粉尘等要求（图 3-1、图 3-2）。

图 3-1 印刷车间环境　　　　　　　　　　　　　　　　　　　　图 3-2 温度 / 湿度检测仪

## 3.2 印刷方式的分类

不同的印刷机采用的印刷方式、工艺原理和工艺流程以及使用的承印物都不相同，但其结构大致相同，由输纸、输墨、印刷、收纸等装置组成。

按印版形式分为平版印刷、滚筒印刷和孔版印刷方式。

按印刷机种类分为传统印刷、数字印刷方式等。

按油墨是否直接转移到承印物上分为直接印刷和间接印刷方式。直接印刷是使印版图文部分的油墨直接转移到承印物表面，印版上的图像相对于原稿上的图像而言是反像；间接印刷是印版图文部分的油墨通过中间载体传递，转移到承印物表面，印版上的图像相对于原稿上的图像而言是正像。

## 3.3 按压力方式分类

印刷机的核心部分是印刷装置的压印机构，根据施加压力的方式，印刷机一般可分为平压平型、圆压平型、圆压圆型等三种。

### 3.3.1 平压平型

平压平型印刷机结构特点是装版机构和压印机构均呈平面形。印刷时，压印平版绕主轴进行往复摆动，完成输纸和压印（图 3-3）。

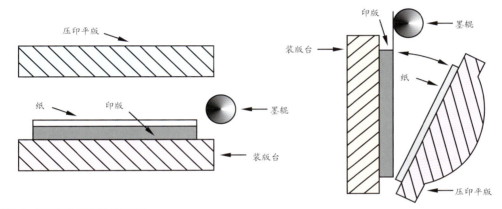

图 3-3　平压平型印刷机结构剖面

平压平型印刷机体积较小、印刷速度慢、生产效率低，适用于信封、标签、联单等印刷幅面小、纸薄的印刷品，目前这类印刷机档次低，使用越来越少。如活字版印刷机、铜锌版打样机和圆盘机等都属于平压平型印刷机。

### 3.3.2 圆压平型

圆压平型印刷机也称平台印刷机，其结构特点是装版机构呈平面形，压印机构是圆形的滚筒（或称压印滚筒）（图 3-4）。

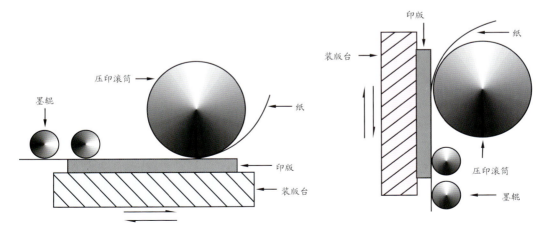

图 3-4　圆压平型印刷机结构剖面

印刷时，印版随同装版平台，相对于压印滚筒作往复移动，压印滚筒一般在固定的位置上，带着承印物边旋转边压印，由于版台往复运动，印刷速度受到限制，生产效率不高。

### 3.3.3　圆压圆型

圆压圆型印刷机也称轮转印刷机，其结构特点是装版机构和压印机构均为圆柱形的滚筒，即圆柱形的装版机构（或称印版滚筒）（图3-5）。

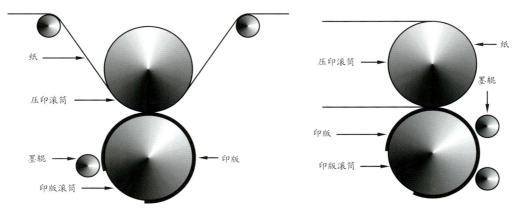

图 3-5　圆压圆型印刷机结构局部剖面

印刷时，压印滚筒带着承印物，相对于印版滚筒以相反的方向边转动边压印。利用压印滚筒和印版滚筒不停息地接触并进行压印，运动平稳、结构简单、印刷速度快。目前大多数印刷机都采用圆压圆型结构，如平版胶印机、凹版印刷机、柔性版印刷机等。它可将若干印刷装置组合在一起，设计成卫星式或机组式的印刷机，可以进行双面、多色印刷，印刷速度快，生产效率高。

## 3.4　按印版分类

印刷根据不同的工艺原理、印刷方法以及使用不同的承印物，按印版形式分为平版印刷（胶印）、凹版印刷、凸版印刷及丝网印刷四类，由印刷机来实现，不同的印前类型有不同的印刷机及相应的工艺流程要求（表3-1）。

表 3-1　胶印、凹印、凸印和丝印四种印刷方法比较表

| 印刷方法<br>项目 | 胶　印 | 凹　印 | 凸　印 | 丝　印 |
|---|---|---|---|---|
| 适印材料 | 纸张 | 纸张、塑料薄膜、铝箔 | 纸张、塑料薄膜、铝箔 | 纸张、塑料薄膜、铝箔 |
| 印刷质量 | 较好、墨层较薄 | 色彩丰富、鲜艳、好 | 较好、墨层较薄 | 较好、墨层较厚 |
| 印　墨 | 油性油墨 | 溶剂性油墨或水性墨 | 溶剂性油墨或水性墨 | 溶剂性油墨或水性墨 |
| 制版时间 | 短 | 长 | 较短 | 长 |
| 印刷速度 | 慢 | 快 | 快 | 慢 |

| 项目 \ 印刷方法 | 胶 印 | 凹 印 | 凸 印 | 丝 印 |
|---|---|---|---|---|
| 制版费用 | 低 | 高 | 高于胶印，低于凹印 | 高于胶印，低于凹印 |
| 工业污染 | 有 | 有 | 无 | 有 |
| 印刷精度 | 175 ~ 200 Line/inch | 至 300 Line/inch | 150 Line/inch 以下 | 150 Line/inch 以下 |

### 3.4.1 平版印刷

平版印刷也称胶印，是利用油、水相排斥的原理，使印版表面的图文部分形成亲油基，空白部分形成亲水基。印刷时，通过润水和给墨工序，使图文部分着墨拒水，空白部分亲水拒墨，将印版上的阳图正像转印到滚筒的橡胶布上，形成阳图反像，再将橡胶布上的阳图反像压印到纸上，从而得到印迹清晰的正像（图3-6）。

平版印刷单张纸四色印刷机大多采用黑（K）、青（C）、品红（M）、黄（Y）的色序，单色机、双色机的色序比较灵活。

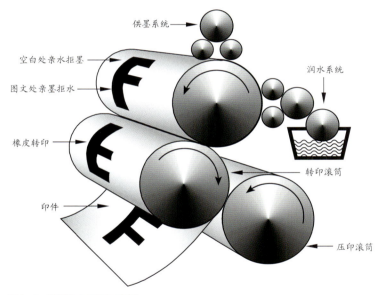

图 3-6　平版胶印原理示意图

### 1）平版印刷工艺

平版印刷工艺复杂，印刷前要做好充分的准备工作，平版印刷工艺流程包括印前准备、安装印版、试印刷、正式印刷、印后处理等环节。

（1）印前准备

纸张：平版印刷通常采用铜版纸、胶版纸、白版纸、新闻纸等。纸张要求具有质地紧密、纸面平滑、白度良好、不起毛、不脱粉、伸缩性小等性能。为保证印刷的顺利进行，纸张所含水分应尽量少，以达到纸张含水量的最佳状态，储存环境符合印刷机要求的温度、湿度。

油墨：油墨一般是原色墨（Y、M、C）三色，在使用时需根据印刷品的类别、印刷机的型号、印刷色序等的要求，对油墨的色相、黏度、黏着性、干燥性进行调整。油墨的质量表现在三原色的色相纯度高、油的黏度及流动性适当、油墨表面不易起皮等。油墨是否加入辅助材料，要根据生产车间温湿度及纸张的质量情况而定。干燥油的加入一定要符合纸张的性能，如应逐渐添加过多干燥油，过量容易产生油墨堆版，加速油墨乳化，造成糊版的现象；用量过少，油墨不能在较短时间内干燥，造成印刷品背面擦花或粘背，影响产品质量（图3-7）。

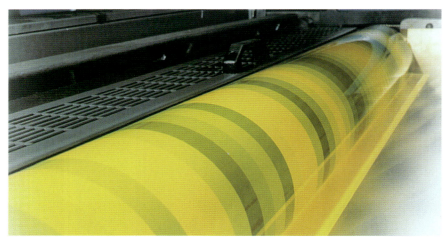

图3-7　印刷机上的油墨

润版药水：平版印刷必须使用润湿液。一般是在水中加入磷酸盐、磷酸、柠檬酸、乙醇、阿拉伯胶以及表面活性剂等化学组分，预先调配好并注入印刷机的水斗中，调整印刷机的供水系统，使水分完全适合印刷要求。水分过大，印刷品的图文和色彩暗淡、苍白、缺乏表现力；水分过少，印品的图文和色彩清晰度差、画面脏、重影、不清晰。在平版印刷过程中，版面应始终保持润湿，目的是防止版面的空白部分吸收油墨。平版印刷只有保持水墨平衡，才能印制出符合标准的产品。

（2）安装印版

从制版车间领到上机的印版时，要对印版的色别进行复核，与打样样张对照，核对无误，将印版连同印版下的衬垫材料，按照印版的定位要求，安装并固定在印版滚筒上，以免发生版色和印刷单元油墨色不符的印刷问题。平版的浓淡层次是用网点百分比来表现的，网点百分比过大印版深，反之印版浅。过深、过浅的印版需要修正或重新晒版。此外，还要检查印版的规线、切口线、版口尺寸等。

常用的平版有PS版、平凹版、多层金属版等。PS版是预涂感光版（Pre-Sensitized Plate）的缩写，每种印版的表面均由亲油斥水的图文部分和亲水斥油的空白部分组成，以PS版最为常用，其版基是0.3 mm、0.5 mm、0.15 mm等厚度的铝合金板，经过电解粗化、阳极氧化、封孔等处理，再在板面上涂布感光层，制成预涂版。目前，主要采用计算机控制的激光扫描成像的CTP版，另外传统的印刷胶片晒版、冲显的印前工艺也有少量使用。

单张纸四色按黑、青、品红、黄的色序依次将PS版（印版）安装到印版滚筒上，单色机、双色机的色序比较灵活。在开机前应对印刷机的给纸、传纸、收纸情况进行检查，对拉规、压力、印版滚筒、橡皮滚筒、压印滚筒进行校正和调整，最后开机套印，同时检查供墨、供水的平衡。印刷时应保证印版的清洁（图3-8）。

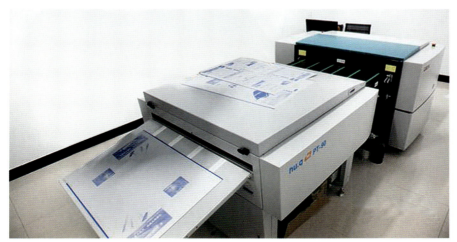

图3-8　CTP胶印制版

（3）试印刷

印版安装好以后，就可以进行试印刷，主要操作有检查印刷机输纸、传纸、收纸的情况，并做适当的调整以保证纸张传输顺畅、定位准确。以印版上的矩线为标准，调整印版位置，达到套印精度的要求。校正压力，调节油墨、润湿液的供给量，使墨色符合样张。印出的合格样张应交生产部门主管或客户审核签字，得到审核签字后方可进行正式批量印刷。

（4）正式印刷

在印刷过程中要经常抽出印样检查产品质量，其中包括：套印是否准确，墨色深浅是否符合样张，图文的清晰度是否能满足要求，网点是否发虚，空白部分是否洁净等。同时，在机器运转过程中，要注意观察有无异常情况，一旦发现故障应及时排除。

（5）印后处理

印后处理主要内容有墨辊、墨槽的清洗，印版表面涂胶或去除版面上的油墨、印张的整理、印刷机的保养以及印刷环境的清扫等。

## 2）平版印刷机

平版印刷机有多种品牌、规格和型号，印刷机的选用应根据自身的业务范围和主要产品而确定（图3-9至图3-12）。

①按纸张规格可分为全张胶印机、对开胶印机、4开胶印机、8开胶印机。

②按印刷色数可分为单色、双色、四色、五色、六色等胶印机。

③按印品版面可分为单面胶印机、双面胶印机。

④按输纸方式可分为单张纸胶印机、卷筒纸胶印机。

图 3-9　德国曼·罗兰六色胶印机　　　　图 3-10　德国高宝六色胶印机

图 3-11　德国海德堡六色胶印机　　　　图 3-12　德国海德堡五色胶印机

## 3.4.2　凸版印刷

凸版印刷是图文部分在印版上高于空白部分（在印版厚度上有高度差），且处于同一平面或同一半径的弧面上，并在图文部分涂布油墨，通过压力的作用，使图文信息转移到承印物表面的印刷方法。凸版印刷是印版直接接触承印物表面，是直接印刷。凸版印刷的工作方式是墨辊首先滚过印版表面，使油墨黏附在突起的图文部分，然后承印物和印版上的油墨相接触，在压力的作用下，图文部分的油墨转移到承印物的表面（图 3-13）。

凸版印刷工艺流程包括印前准备、装版、印刷、质量检查环节（图 3-14）。

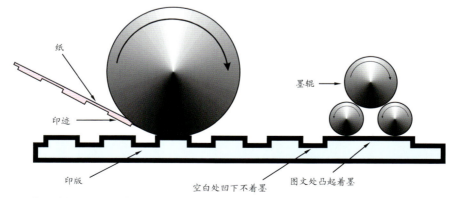

图 3-13　凸版印刷的印刷原理示意图

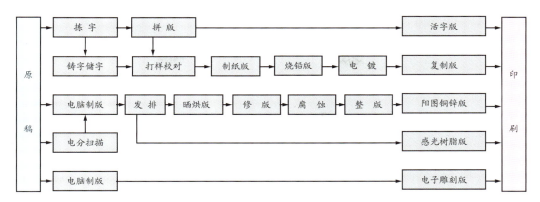

图 3-14　5 种凸版印刷工艺流程对比

## 1）印前准备

印刷每一件产品都需按生产通知单的要求进行，内容包括纸张规格、质量要求、完成日期等。了解清楚生产通知单需求后，可以进行准备工作，首先对印版、纸张、油墨进行检查，核对是否符合印件要求，最后检查机器是否调整完毕。

## 2）装版

凸版印刷机种类较多，印版的形式以及厚度都不相同，所以固定印版的方法也不一样。现在铅版、铜锌版因环保等原因已逐步被淘汰，而柔性版的使用逐渐普及。柔性版一般是用双面胶纸直接粘在印版滚筒上或粘在包裹滚筒外面的薄膜片基上（薄膜可以取下来在机下上版，减少了上版时的停机时间）（图 3-15）。

图 3-15　柔性版

## 3）凸版印刷机

凸版印刷机种类繁多，传统的圆盘机、立式和卧式铜锌版印刷机因生产效率低、工艺复杂、难以印刷高精彩色和单色加网图像，已很少使用，但在烫印和压凸工艺中仍在使用，柔版印刷工艺因具有众多优点而应用广泛。

柔版印刷是指使用柔性版，通过网纹传墨辊传递油墨施印的印刷方法，柔性版是诸如橡皮凸版、感光性树脂版等弹性固体制成的凸版的总称，目前柔性版印刷质量已接近平版胶印和凹印的水平，在西方发达国家中已广泛用于报纸、包装印刷（图 3-16、图 3-17）。

 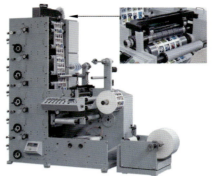

图 3-16　全自动八色柔性版印刷机　　　　　　　　图 3-17　全自动五色柔性版印刷机

### 3.4.3　凹版印刷

凹版印刷简称凹印，是指将凹版凹坑中所含的油墨直接压印到承印物上，凹版上的图文部分低于或陷入印版表面，印刷时油墨被填充到凹坑内，印版表面的油墨用刮墨刀刮掉，印版与承印物之间有一定的压力接触，将凹坑内的油墨转移到承印物上，完成印刷。这种技术广泛应用在包装、证券、印花织物和邮票等印刷品制作中（图 3-18）。

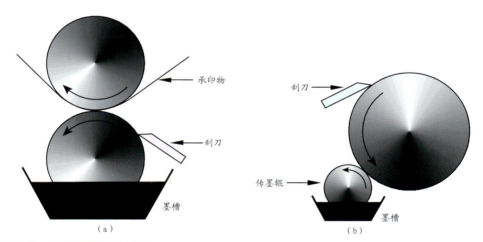

图 3-18　凹版印刷两种着墨方式

凹版印刷由于印刷机的自动化程度高、印刷速度快、印版耐印力高，因而工艺操作比平版印刷简单，容易掌握，工艺流程主要包括印前准备、上版、调整规矩、印刷、印后处理环节。

#### 1）印前准备

凹版印刷的准备工作包括根据施工单的要求准备承印物、油墨、刮墨刀等。印版是印刷的基础，直接关系到印刷质量，上版前需对印版进行复核。检查网点是否整齐、完整，镀铬后的印版是否有脱铬的现象，文字印版要求线条完整无缺，不能断笔少道。印版经详细检查后，才可安装在印刷机上。

### 2）上版

上版操作中要特别注意保护好版面不被碰伤，要把叼口处的规矩及推拉规矩对准，还要把印版滚筒紧固在印刷机上，防止正式印刷时印版滚筒的松动。再仔细校准印版，检查给纸、输纸、收纸、推拉规矩的情况，并作适当调整，校正压力，调整好油墨供给量，调整好刮墨刀。刮墨刀的调整，主要是调整刮墨刀对印版的距离以及刮墨刀的角度，使刮墨刀在版面上的压力均匀又不损伤印版（图3-19、图3-20）。

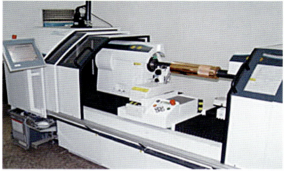

图3-19 凹印版辊图　　　　　　　　　图3-20 德国海尔电子雕刻机

### 3）正式印刷

在正式印刷过程中，要经常抽样检查网点是否完整、套印是否准确、墨色是否鲜艳、油墨的黏度及干燥是否与印刷速度相匹配，以及是否因刮墨刀刮得不均匀而导致印张上出现道子、刀线、破刀口等问题。

### 4）凹版印刷机

凹版印刷机由输纸部分、着墨部分、印刷部分、干燥部分、收纸部分组成。

凹版印刷机按照印刷幅面可分为单张纸凹印机和卷筒纸凹印机。现在普遍使用的是卷筒纸凹印机（图3-21、图3-22）。

## 3.4.4　孔版印刷

孔版印刷是把油墨挤压过孔版的孔，并使之附着在承印物表面的印刷方式。孔版印刷方式以丝网印刷为代表，使用的范围极其广泛。丝网印刷是指用丝网作为版基，并通过感光制版方法，制成带有图文的丝网印版。利用丝网印版图文部分网孔可透过油墨，非图文部分网孔不可透过油墨的基本原理进行印刷。印刷时在丝网印版的一端倒入油墨，用刮板对丝网印版上的油墨部位施加一定压力，同时朝丝网印版另一端匀速移动，油墨在移动中被刮板从图文部分的网孔中挤压到承印物上。

图 3-21　PVC 自动凹版印刷机

图 3-22　七色高速凹版卷筒印刷机

## 1）丝网印刷工艺

　　丝网印刷通常有手工印刷和机械印刷两种。手工印刷是指从续纸到收纸，印版的上、下移动，刮板刮印均为手工操作。机械印刷是指印刷过程由机械动作完成，其中又分为半自动和全自动印刷，半自动指承印物放入和取出由人工操作，印刷由机械完成；全自动是指整个印刷过程均由机械完成。

　　丝网印刷工艺流程分为印前准备、刮墨板调整、印刷、印品干燥环节。

　　（1）印前准备

　　制作丝网版的材料，常用蚕丝、尼龙丝和聚酯等纤维编织的网，紧绷于铝合金框架上，在上面涂布感光胶，然后经过曝光、显影、冲洗、干燥等工序，最后制成可上机印刷的丝网版，在丝网版上形成非图文部分的阻墨层，而图文部分的网孔保持畅通。把制作好的丝网版安装到印刷机上，调整印版与印台之间的距离，确定承印物的准确位置，调制油墨等。油墨的黏度不宜过高，以保证油墨的流动性与渗透性（图 3-23）。

（2）刮墨板

丝网印刷的刮墨板，起着使油墨通过网孔转移到承印物上的重要作用。由刮墨板和夹具两部分组成，刮墨板要求有较好的弹性，并具有耐溶剂性和耐磨性。应根据承印物材料来选择刮墨板，其形状有直角形、圆角形、斜角形等（图3-24）。

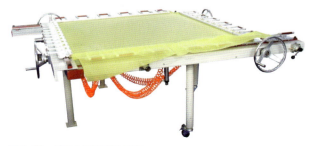

图3-23　丝网拉网机绷丝网版

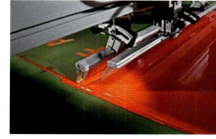

图3-24　平面丝网印刷机工作状态

（3）工艺要求

丝网印刷墨层厚，油墨干燥缓慢，需要用干燥架晾干，或选用红外、紫外油墨印刷，用红外、紫外干燥器干燥。有些丝网印刷产品，在油墨凝固在印品上后，还要进行特殊处理。例如，采用热熔玻璃油墨印刷的玻璃杯或陶瓷贴花纸，需在400～800℃的烤花窑炉中进行烤花烧结。

### 2）丝网印刷机

用丝网印刷装饰物体是一种很古老的方法，据史料记载，在我国古代，它被广泛用于陶器和其他物品的装饰。现在几乎任何不同形式或大小的材质表面都可用丝网印刷技术来印刷，丝网印刷机有单色和多色，半自动和自动型（图3-25至图3-28）。

（1）平面丝网印刷机

平面丝网印刷机是指在平面上进行印刷的丝网印刷机。丝网版被安装在印版铝合金框架上，框架上配有控制印版上下运动的机构和橡皮刮板，每印一张，丝网框上下运动一次，同时橡皮刮板作一次来回运动（图3-29）。

图3-25　半自动平面丝网印刷机

图3-26　WPKG滚筒式全自动丝网印刷机

图 3-27　全自动玻璃丝网印刷机　　　　　　　图 3-28　自动无纺布丝网印刷机

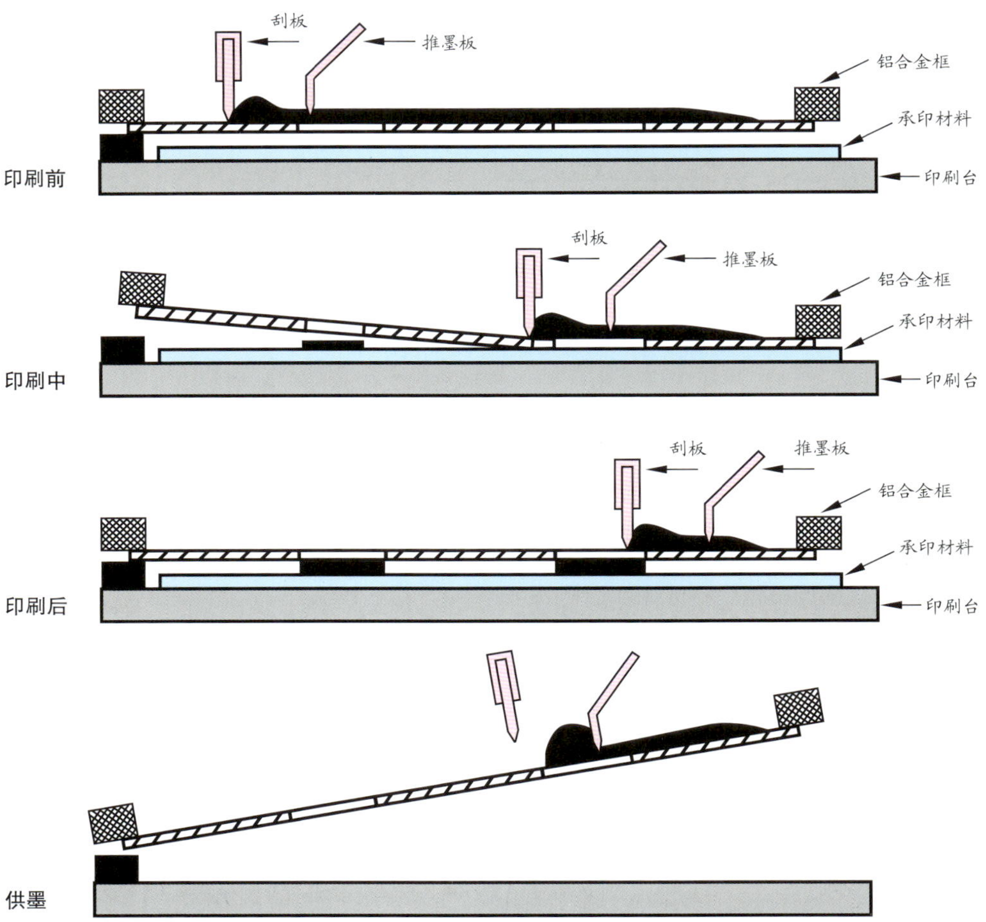

图 3-29　平面丝网印刷机工作过程

（2）曲面丝网印刷机

曲面丝网印刷机是能在圆柱面、椭圆面、球面、圆锥面等塑料容器、玻璃器皿以及金属罐等物体上进行印刷的丝网印刷机。

曲面丝网印刷机的丝网版是平面的，进行水平方向移动，橡皮刮板固定在印版上，承印物与网版同步移动进行印刷。承印物利用滚轴带动而转动（图 3-30）。

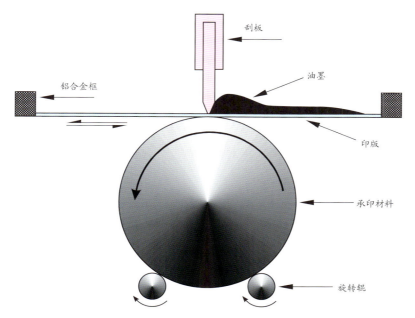

图 3-30　曲面丝网印刷过程

（3）静电丝网印刷机

静电丝网印刷机是利用静电吸附粉末状油墨进行印刷的丝网印刷机。

丝网印版用导电良好的金属丝网制作，利用高电压发生装置使其带正电（正极），和金属丝网相平行的金属板带负电（负极），承印物置于正、负两极之间。粉末油墨本身并不带电，通过丝网印版后带正电。由于带负电的金属板吸引带正电的粉末，油墨便落在承印物上，经加热或其他方法处理，粉末固化形成永久性图文。

### 3.4.5　数字印刷

数字印刷是指利用数据来控制电脑等相应设备，将油墨直接转移到承印物上的印制过程。数字印刷系统主要是由印前系统和数字印刷机组成。

数字印刷是一种有别于传统印刷烦琐工艺过程的全新印刷方式。数字化和网络化已成为当今印刷技术发展的两个基础和主题，必然会贯穿整个印刷产业，构筑一种全新的生产环境和技术基础。未来印刷技术的发展会更加便捷，质量也将更优。

#### 1）数字印刷的特点

印刷方式全数字化：数字印刷过程是从计算机到纸张或印刷品的过程，即直接把数字文件、页面转换成印刷品的过程。不需要传统印刷的胶片和印版，取消传统印刷的拼版、修版、装版对位、调墨、润版等烦琐工序。

可实现异地印刷：可以通过互联网将数字信息传递到异地进行远距离印刷。

可变信息印刷：数字印刷品的信息可以是 100% 的可变信息，即相邻输出的两张印刷品可以完全不同。

### 2）数字印刷分类

（1）在机成像 DI 印刷

在机成像 DI 印刷的实质是胶印机集成了印版数字成像系统，制版在印刷机上直接完成，制好的印版可用于印刷大量的同一内容的印品，印刷方式与传统胶印一样，减少了传统印刷出片、拼版、晒版、装版等工序，节省了工序、时间，提高了生产效率，降低了生产成本。

（2）可变数据印刷

可变数据印刷是指在印刷机不停机的状态下改变印刷品的图文，在印刷过程不间断的情况下，可以连续印刷出不同的图文印刷品。根据成像原理，可变数据印刷可分为电子照相和喷墨印刷。

电子照相也称静电成像，是利用激光扫描方法在光导体上形成静电潜影，再利用带电色粉与静电潜影的电荷作用，将色粉影像转移到承印物上完成印刷。

喷墨印刷是指受成像计算机的数字电信号所控制，墨滴在压力作用下以均匀合理的速度，从细微的油墨喷嘴里喷射到承印物上，经过油墨与承印物的相互作用，实现图文再印刷。

### 3）数字印刷机

数字印刷机的印刷速度、开幅、印刷质量与传统印刷机基本相似，其优势在于绿色印刷、优化工艺流程、降低成本、可适用于工业化大生产（图 3-31、图 3-32）。

图 3-31　高宝 RotaJET 76 数字印刷机

图 3-32　HP Indigo7600 数字印刷机

### 3.4.6 特种印刷

特种印刷是用不同于一般制版、印刷、印后加工的工艺和材料，印制出特殊印刷品的印刷方式，是在一般印刷技术的基础上发展起来的印刷分支。其产品被广泛地用于金融、医疗、食品包装、文化娱乐等多个领域，特种印刷可以获取很好的经济效益，应用前景广泛。

特种印刷的主要特征包括印刷工艺的特殊性、印刷设备的专用性、承印物的多样性。

特种印刷的种类很多，这里列出主要的印刷种类，见表3-2。

**表 3-2 特种印刷分类表**

| 分类方式 | 类 别 |
|---|---|
| 特殊材料 | 玻璃、纺织物、皮革橡胶、陶瓷、搪瓷、软管、金属、纸包装容器等 |
| 特殊效果 | 凹凸印刷、电化铝烫印、折光印刷、立体印刷、全息照相印刷等 |
| 特殊油墨 | 珠光墨、金银墨、荧光油墨、磁性油墨、香味印刷、变色印刷等 |
| 特殊用途 | 贴花印刷、转移印刷、不干胶商标印刷、电路板印刷、静电植绒印刷、复合包装印刷、防伪印刷、纸币印刷、邮票印刷等 |
| 特殊工艺 | 静电印刷、喷墨印刷、盲文印刷、木刻印刷、数字印刷、发泡印刷、曲面印刷等 |

### ◆实训任务

1. 印刷机按印版形式分有哪四种类型？

2. 简述平版胶印的油水相斥原理。

3. 列举目前我国印刷行业使用的平版印刷机主要品牌及生产国家。

4. 简述数字印刷的特点。

# 4　印后加工

印后加工（也称印后工艺）是指经过印刷机印刷出来的半成品印张，经过再加工后获得最终客户所需求的产品形态和使用性能的工艺，其对印刷品的表面工艺处理，不仅提高了产品的美观性，也提高了产品的保护性和耐用性。

印刷品是科学、技术和艺术相结合的综合产品，印刷品除了具备原稿设计的精美、版面安排的生动、色彩调配的和谐外，印后加工也赋予了印刷品的形态美、材质美。

当前生活水平的大幅提升，对印刷品的品质要求随之提高，而要满足这一需求就是对印刷品进行印后精加工，通过印、压、裱、贴、切等多种加工工艺，提高印刷产品的档次。据有关资料统计，印刷精美的产品包装可使销售额提高15%～18%。而印后精加工成本的投入较低，可见印后加工是保证印刷品质量并实现增值的重要手段。印后加工就是将印刷品按照产品的性能或甲方的要求，选择合理的加工工艺依次进行加工生产。印后加工一般分为表面美饰加工、书刊装订和模切成型加工三类。

不同的印刷品采用不同的工艺处理，有的可能用一种印后工艺，也可能用几种印后工艺组合加工，如书籍类产品的折页、装订、覆膜等工艺处理，包装类产品的上光、烫印、压痕、起凸、模切、压光、吸塑、粘裱、裁切等工艺处理。

## 4.1　表面美饰加工

纸印刷品的表面美化与装饰加工主要包括：①印刷品表面光泽加工，如上光或覆膜等；②印刷品表面金、银光泽加工，如烫印金、银光泽的电化铝、金属饰面等；③提高印刷品表面立体感加工，如凹凸压印或水晶立体滴塑等；④印刷品特殊光泽的加工，以增强印刷品闪烁感，如折光、全息烫印和烫印彩色电化铝等。

纸张印刷品的表面美饰加工是锦上添花的工艺。通过装饰加工，可提高和改善印刷品的外观效果，起到美化的作用。通过表面装饰加工，不仅提高了产品的附加值，也丰富了印刷品的多样性。

### 4.1.1　覆膜

覆膜是将塑料薄膜涂上黏合剂，与纸印刷品加热、加压后使之黏合在一起，形成纸塑合一的印刷品。它能提高印刷品表面的光泽度和牢固度，起到美观和提高产品档次的作用，同时还具有防水、防污、耐磨、耐折、耐化学腐蚀等功能，从而起到保护印刷品的作用，延长使用寿命。覆膜工艺广泛用于书刊封面、画册封面、宣传海报、产品包装、挂历及各类说明书封面等（图4-1）。

### 1）覆膜类型

覆膜分为亮光和哑光两种类型。经过亮光覆膜后的产品，印刷图文颜色更鲜艳，富有立体感，特别适合绿色食品等产品包装，能够激发消费者的购买欲望。采用哑光覆膜，则会使覆膜产品给消费者带来一种高贵、典雅的感觉。因此，覆膜后的印刷品能显著提升产品的档次和附加值。

### 2）覆膜工艺

覆膜工艺分为现涂覆膜和预涂覆膜两种工艺。现涂覆膜又分为湿式覆膜和干式覆膜两种。其中水性湿式覆膜以其覆膜印刷品的高强度、易回收、无污染等特点深受行业青睐。

现涂覆膜：加工时用覆膜机在卷筒塑料薄膜材料上涂布黏合剂，在干燥后施加压力与印刷品复合到一起的生产工艺。

预涂覆膜：购买预先涂布有黏合剂的塑料薄膜，加工时将预涂膜与纸质印刷品一起在覆膜设备上进行热压，完成覆膜过程，省去了黏合剂的调配、涂布以及烘干等工艺环节，整个覆膜过程可以在几秒钟内完成，对环境不会产生污染，没有火灾隐患，也不需要清洗涂胶设备等，目前该工艺广泛应用于药品、食品包装领域（图4-2）。

图 4-1　覆膜机生产线

图 4-2　预涂膜材料

## 4.1.2　烫金

烫金（也称电化铝烫印）是运用安装在烫印机上的模板，借助一定的压力和温度，将金属箔或烫印箔按印模板的图文转移到被烫印刷品的表面。电化铝烫印的图文呈现出强烈的金属光泽感，色彩鲜艳夺目，是一种不用油墨的特种印刷工艺。

### 1）烫金原理与特点

烫金原理：电化铝的构成有五层不同材料，烫印工艺原理为当电化铝受热时，第二层脱落层熔化，接着第五层热熔性膜层也熔化，压印时热熔性膜层粘连承印物，第二层与第一层脱离，将镀铝层和着色层留在承印物上，烫金工艺要具备温度、压力、铝箔和烫版四个条件（图4-3）。

烫金的特点：①烫印温度为 150 ~ 160 ℃，烫印时间为 0.4 ~ 0.7 s；②材质为金属铝，有金属光泽感，化学性质稳定；③颜色丰富，金色、银色、红色、蓝色、黑色等；④适合多种材质，如纸张、塑料、木材、皮革、布料等；⑤烫印图案美观、清晰、色彩鲜艳、光彩夺目、耐磨、耐候；⑥烫金美饰的视觉效果其他工艺无法代替，可以提高产品档次，提升产品附加值，表现产品的独特性、美观性；⑦全息定位烫印工艺有相应的防伪图案，使产品具有防伪能力（图4-4、图4-5）。

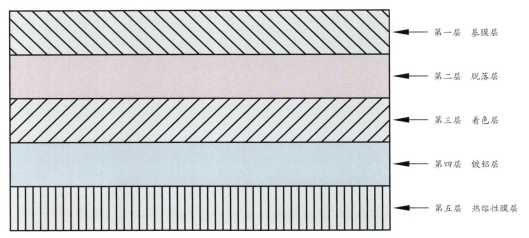

第一层　基膜层

第二层　脱落层

第三层　着色层

第四层　镀铝层

第五层　热熔性膜层

图4-3　电化铝的构成

图4-4　常见电化铝颜色种类

图4-5　部分电化铝烫印效果

## 2）烫金设备

烫金机压印方式有平压平、圆压平、圆压圆三种类型，日常生产中以平压平烫金机为主要设备。烫金机的种类有手动式、半自动式、全自动式。机型有立式、卧式（图4-6、图4-7）。

图4-6　手动烫金机

手动烫金模切
工艺

自动烫印机

图 4-7　全自动烫金机

### 3）烫金工艺

（1）制作好烫印版

烫印版一般有铜版、锌版和树脂版，相对来说铜版最好，锌版适中，树脂版稍差。因此，对于精细的烫印，应尽可能用铜版。对于烫印版，要求其表面平整、图文线条清晰、边沿光洁无麻点和毛刺。烫印版雕刻或腐蚀深度应略深，在 0.6 mm 以上坡度在 70°左右，以保证烫印图文清晰、减少连片和糊版出现。

（2）控制好烫印温度

烫印电热温度应在 80 ~ 180 ℃调整，烫印面积较大的，电热温度相对要高些，反之温度则低一些。具体情况应根据印版的实际温度、电化铝类型、图文状况等多种因素确定，通常要通过试烫找出最适合的温度，应以温度最低而又能压印出清晰的图文线条为标准。在烫印过程中，要避免温度过低，因为这会导致电化铝隔高层和胶粘层不能完全熔化，从而造成烫印不上或烫印不实。同时，温度过高会使热熔性膜层超范围熔化，导致糊版和金箔失去光泽。

（3）合理掌握烫印压力

烫印压力与电化铝附着牢固度关系密切。即便温度合适，如果压力不足，也无法使电化铝与承印物粘牢，可能会产生掉色或印迹发花等现象；反之，如果压力过大，衬垫和承印物的压缩变形会过大，导致糊版或印迹变粗。因此应细致调整好烫印压力。

（4）合理的烫印速度

正式烫印前应做好各项调试工作，掌握好烫印时间的长短规律，也就是调整好机器运行速度，保持电化铝箔停留在印刷品表面上的合理时间。通常情况下，电化铝箔停留在印品表面上的时间与烫印牢固度成正比。烫印速度稍微慢一点，有利于保证烫印效果，烫印速度过快，易造成电化铝箔熔化不完全，致使烫印不上或烫印虚边。

### 4.1.3　凹凸压印

凹凸压印（简称凹凸）是利用铜、锌凹凸印版阴模、阳模，在质量较好的承印物（如胶版纸、卡纸）上加压，使印品产生塑性变化，呈现出艺术浮雕效果，产品具有立体感的工艺方法。

凹凸压印工艺特点：①只需用压力而不需用油墨；②需制作一套凹凸版，即凹面印版和凸面模板；③使产品显得更加精美和富有立体感、浮雕效果，平面图文与立体图文相结合，粗犷与细腻相对比，是技术与艺术的完美融合；④实用性广，如商标、包装纸盒、贺年卡、书籍封面等均可应用。

压印工艺包括压印版制作和凹凸压印流程。

压印版制作：凹凸版的制作方法有腐蚀法和雕刻法，版材有铜版、钢版或锌版。腐蚀法是用正阳图底片作为原版，直接对铜、锌版材进行晒版，然后腐蚀成凹形的图文。适用于简单图案或层次要求不高的印品压印。雕刻法是用手工或电子直接在1.5～3 mm厚度的铜版或钢版上进行图案雕刻。

凹版和凸版的精确度要求在压印时阴阳版完全吻合。凹版需承受较强的压力，所以制作凹版时要选用强度较高的材料，厚度一般在2 mm左右。凸版受力较小，所以选用材料强度较低，厚度一般是凹版材料厚度的一半。

凹凸压印：凹凸版制作完成后，将其安装到模切机上，装版时要将压印版粘牢，定位准确，调整好模切机适合的压力。压印压力过小，凹凸效果不明显；压印压力过大，印刷品凹凸部分的承压容易破损，因此压印的压力必须调整到最佳状态，使印刷品达到设计或客户所要求的效果（图4-8至图4-11）。

图4-8　凹凸铜版

图4-9　文字凹凸效果

图4-10　图案凹凸效果

图4-11　书籍凹凸效果

## 4.1.4　上光

上光是在印刷品的表面喷、印一层无色透明的涂料，经流平、干燥、压光后，在印刷品的表面形成薄而均匀的透明光亮层，使印刷品表面呈现更加平滑光泽的效果。在上光工艺中，纸张表面的平滑度越好，纸面光泽度就越强。

### 1）上光特点与应用

①增强印刷品表面平滑度和光洁度，使入射光产生均匀反射，油墨层更加光亮，起到保护印迹、装饰产品和增加美感的作用。

②增加了印刷品表面的耐磨度，对印刷图文能起到一定的保护作用，主要适用于包装制品、书刊封面、画册封面等。

③延长了印品的使用期，在防水、防污、耐热等方面起到一定的作用。

④提升了商品档次，增添了产品外观的艺术感，提高了商品的附加值。

### 2）上光工艺

涂料上光的工艺过程，实际上是将涂料（也称上光油）涂敷于纸印刷品表面流平干燥的过程。

①满版与局部：上光既可以满版上光，也可以局部上光。局部上光是在原有彩色印刷品上的某个图案或文字部位印上光油，上光图案显得鲜艳、亮丽，又因为上光墨层有一定厚度，固化后会凸起形成浮雕效果，看起来像压痕或凹凸一样很有立体感，在印刷品的表面产生材质对比的艺术效果。

②亮光与哑光：两种上光方式的效果不同，哑光上光采用哑光油，与亮光上光的效果正相反，哑光上光降低印刷品表面的光泽度，从而产生一种雅致的效果，而亮光由于光泽度较高对人眼有一定程度的刺激，因此哑光上光是目前较流行的一种上光工艺。

### 3）上光类型

上光类型因涂料不同分为溶剂上光、水性上光、紫外线（Ultraviolet，UV）上光和珠光颜料上光四类。

①溶剂上光存在一定环保和安全问题，因而应用范围受到限制被逐步淘汰。

②水性上光，主要由水溶性树脂和水分散性树脂组成。水性上光以水为溶剂，无毒无味，避免了对人体的危害和对环境的污染，具有干燥速度快、膜层透明度好、性能稳定、上光表面耐磨性及平整度好、印后加工适性宽、热封性能好、使用安全可靠、储运方便等特点，因而越来越受到食品、医药、烟草纸盒包装印刷行业的欢迎。

③紫外线上光是利用UV照射来固化上光涂料的方法。UV上光的印品，表面光泽度高、耐热、耐磨、耐水，固化时不存在溶剂的挥发，不会造成环境污染，已在印刷行业中推广使用。

④珠光颜料上光是将一种具有色泽的、半透明的、有部分遮盖力的、片晶状结构的颜料均匀涂布于印品表面。珠光颜料既可单独与无色透明连接料调和后印刷，又可与其他油墨混合后使用，还能与其他墨层重叠使用。目前珠光效果是一种不可取代的专色光泽效果，印品

显得高贵典雅，在高档包装如药品、食品、化装品包装领域有着良好的应用前景（图 4-12、图 4-13）。

图 4-12　QUV-Ⅰ-120 全自动 UV 上光机

图 4-13　局部 UV 上光效果

## 4.1.5　压光

压光是指将上过光的印品待干燥后，经压光机的压光钢带加温，滚筒的压力热压辊热压及冷却，最终制成成品的过程。这是上光的深加工工艺，可使上光涂布的透明涂料更致密、平滑，从而更富有光泽性和美感。以此达到高亮度的理想镜面膜层效果，提升印刷品的档次与市场竞争力。

压光工艺流程是使用专用压光机压光，通过热滚筒传输到压光钢带加温产生热量，加热温度根据生产要求决定，然后热滚筒和压光胶辊在 $100 \sim 200\,kg/cm^2$ 的压力下对印品进行挤压，再经过压光机的冷却箱处理，逐渐冷却后形成光亮的表面膜层，可适用于各种上光后的印刷品（图 4-14、图 4-15）。

图 4-14　纸面压光机

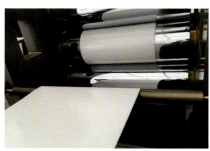

图 4-15　直立式三辊压光机

## 4.2　书刊装订

　　书刊装订是从配页到上封成型的整体作业过程，包括把印好的书页按先后顺序整理、连接、缝合、装背、上封面等加工程序。现代书刊装订工艺以机械化、联动化和智能化为主要发展方向，进一步提高了生产效率和产品质量。书刊装订工艺有折页、配页、锁线、平装胶订、无线胶订、骑马订、精装等环节。

### 4.2.1　书刊装订分类

　　我国书籍装订的形式，大致上是由龟册、简策的简单装订开始（图4-16、图4-17），经过卷轴装（图4-18、图4-19），发展成为经折装（图4-20）、旋风装（图4-21）、蝴蝶装（图4-22）、和合装（图4-23）、包背装、线装等古代装订形式。现代的装订主要是平装、精装和骑马订装等形式。

图4-16　简策装展开图

图4-17　简策装收卷图

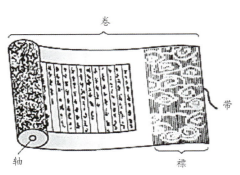

图4-18　卷轴装示意图

图4-19　卷轴装

图 4-20　经折装

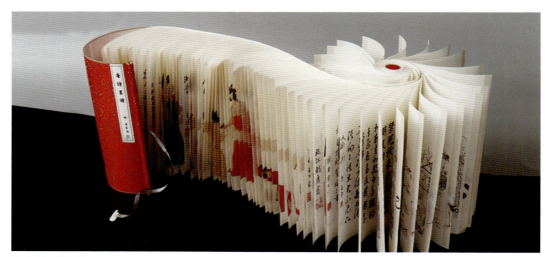

图 4-21　旋风装

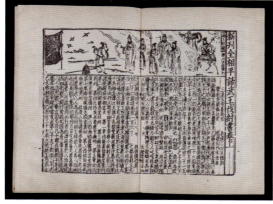

图 4-22　蝴蝶装

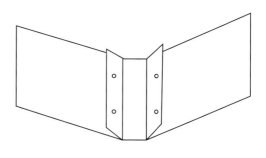

图 4-23　和合装

包背装：包背装与蝴蝶装相似，在蝴蝶装的基础上发展而来，二者的区别在于包背装对折页的文字朝外，背向相对，两页版心的折口在书口处，书页叠压整齐订好裁齐，形成书背，用一张比书页略厚的整纸作为前后封面绕过书背粘于书背，再将天头地脚裁齐，一部包背装书籍就装帧完毕（图4-24、图4-25）。

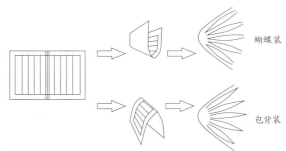

图4-24　包背装　　　　　　　　　　图4-25　包背装与蝴蝶装比较

线装：线装是由蝴蝶装和包背装发展而来，其明显特征是装订的书线露在书外，装订时将印页依中缝折正，使书口对齐，书前后加封面、打眼穿线成书。线装书只宜用软封面，且每册不宜太厚，所以一部线装书往往分为数册、数十册，在每数册外加一书函（用硬纸加布面作的书套），或用上下两块木板以线绳捆之，既方便阅读，又保护图书，显得格外古朴典雅（图4-26）。

平装：也称简装，是继承了包背装和线装的优点后进行革新的一种常用书籍装帧形式。主要工艺包括折页、配页、订本、包封面和切光书边。一般采用略厚的纸张封面，方法简单、成本低廉，便于机械化大量生产，是我国目前应用最普遍的装订形式（图4-27）。

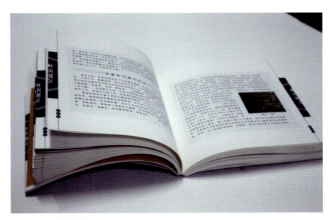

图4-26　线装书　　　　　　　　　　图4-27　平装书

精装：配有保护性的硬底封面，其工艺底板普遍采用硬纸板，面层外覆以布、纸、丝绸、麻类、特种纸、人造革或牛皮等材料。精装书具有美观、易保存的特点，具有收藏价值，但因用料较贵，装订加工费用较高，时间较长，目前市场上精装书所占比重不大（图4-28）。

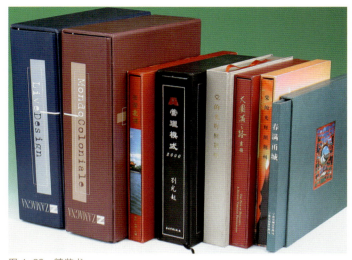

图 4-28　精装书

工业纸板
切割机

　　骑马订装：在骑马配页订书机上，把书帖和封面套合后跨骑在订书架上，订书机将铁丝从书刊的书脊折缝外面穿进里面，在书脊折缝上形成两个铁丝钉扣固定书册，称为骑马订（图4-29、图4-30）。

图 4-29　骑马订装　　　　　　　　　　图 4-30　骑马订装订生产线

　　特装：其也称艺术装或豪华装，是精装中一种特殊加工的装帧方式。特装书籍的加工，除精装书籍应有的造型之外，有的还在书芯的三面切口上喷涂颜色、图案、镭射、刷银或刷金等，也有将书壳背部进行造型处理，封面上进行镶嵌、雕刻等艺术加工，是将多种方式用于一本书加工的复合工艺，创新特装形式还在丰富和发展之中，这种加工后的产品实用而美观，具有较高的欣赏价值和收藏价值（图4-31）。

　　活页装：主要形式有纽带式、螺钉式、螺旋线订式和弹簧夹式等。封面材料有纸、布、皮革、丝织物、塑料等。活页装多用于资料、文件、产品说明书、图纸、挂历、影集、集邮册、记事本等（图4-32）。

图 4-31　特装书

图 4-32　活页装

## 4.2.2　书籍的构成

一本书的装帧用不同的方法，能产生不同的效果。但无论什么书籍，都是将许多单页纸装订在一起构成书坯，其基本结构一样，有封面、扉页、前言（目录、导言等）、页面、附录（索引、术语表、致谢）等。不同需求和档次的书籍装帧方法不同，构成内容可适当增减（图 4-33）。

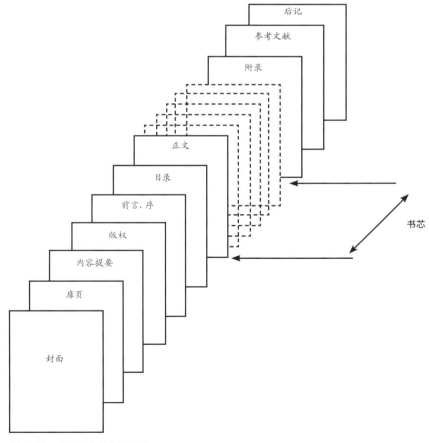

图 4-33　书籍基本结构示意图

### 4.2.3　书芯加工

#### 1）折页

折页工序也称帖工序，是将印刷好的大幅面印张，按照页张上号码顺序、版面规定及要求，用机器或手工经过一次或几次的折叠后制成所需幅面书帖的工艺过程。书籍加工几乎都要首先将大幅面的印张制成书帖，之后才能进行如配页、订书、包本等供后工序加工，最终成为各种装帧的书册。折页机分为刀式折页机、栅栏式折页机和栅刀混合式折页机三种。

（1）刀式折页机

刀式折页机是采用折刀将纸张压入旋转着的两个折页辊的横缝里，通过两个辊与纸张之间的摩擦力来完成折页过程，折页精度高，书刊折缝压得实，但折页速度较慢，可以折全张印张。折页时首先对印张折叠一次，然后将印张旋转90°再进行第二次折叠，完成一个这样的过程，形成4个页面；2个这样的过程形成8个页面，以此类推（图4-34、图4-35）。

（2）栅栏式折页机

栅栏式折页机是使运动的纸张通过折页辊沿着栅栏运动直至档板，在折页辊的摩擦作用下，将纸张弯曲折叠，常用于平行折页、传单和小册子的折页。这种折页方式通常将印张按照一个方向折叠两次，或更多的次数，折页机速度快，但不适合折幅面大、薄而软的纸张，最大折页为对开（图4-36、图4-37）。

（3）栅刀混合式折页机

栅刀混合式折页机是一种既有刀式折页机，又有栅栏式折页机的折页机。这种折页机的折页速度比刀式折页机快，通常

图4-34　刀式折页机

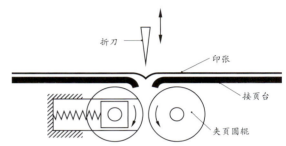

图4-35　刀式折页机原理

图4-36　栅栏式折页机

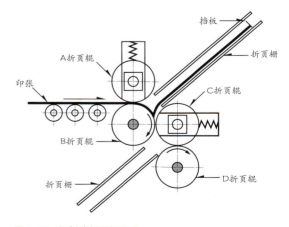

图4-37　栅栏式折页机原理

用于书籍的装订中（图4-38）。

（4）折页方式

折页方式分为平行折、垂直交叉折和混合折三种。折页方式随版面排列的方式不同而变化。在选择折页方式时，还要考虑书的开本规格、纸张厚薄等因素的影响。相邻两折的折缝相互平行的折页方式称为平行折页法；相邻两折的折缝相互垂直的折页方式称为垂直交叉折页法；在同一书帖中，折缝既有相互垂直的，又有相互平行的，这种折法称为混合折页法（图4-39、图4-40）。

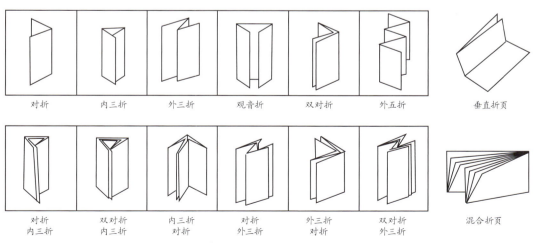

| 对折 | 内三折 | 外三折 | 观音折 | 双对折 | 外五折 | 垂直折页 |

| 对折<br>内三折 | 双对折<br>内三折 | 内三折<br>对折 | 对折<br>外三折 | 外三折<br>对折 | 双对折<br>外三折 | 混合折页 |

平行折页

图4-39　折页的三种方式

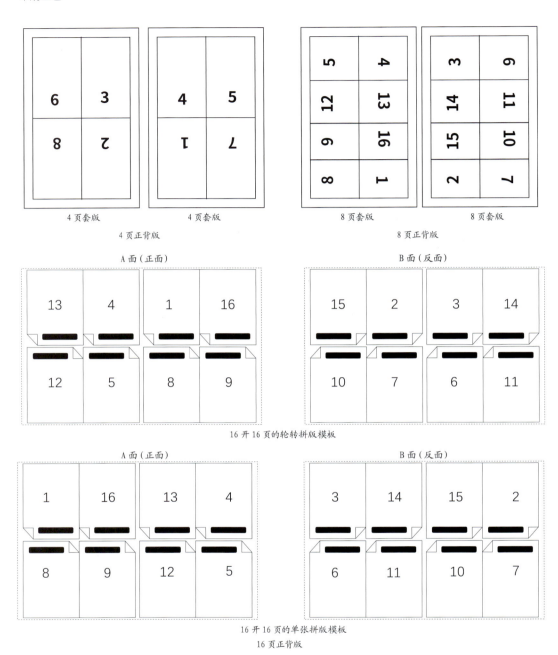

图 4-40　各种版面页数编排法

## 2）配页

　　配页是把整本书的书贴按页码的顺序配集成册的工艺过程，又称配书芯、排书。配页有套帖法和配帖法两种方法。

　　套帖法：将一个书帖按页码顺序套在另一个书帖里面或外面，形成两帖厚而只有一个帖脊的书芯。该法适合于帖数较少的期刊、杂志（图 4-41）。

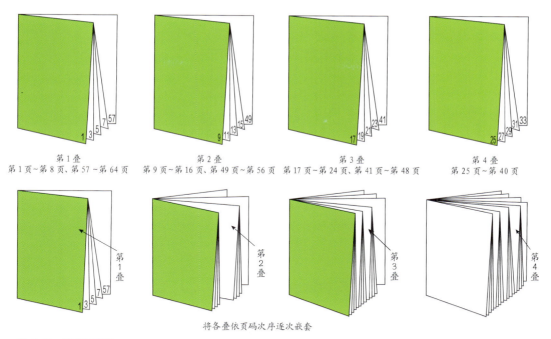

第1叠
第1页~第8页、第57~64页

第2叠
第9页~第16页、第49页~第56页

第3叠
第17页~第24页、第41页~第48页

第4叠
第25页~第40页

将各叠依页码次序逐次嵌套

图 4-41　套帖法配页

配帖法：将各个书帖按页码顺序，一帖一帖地叠摞在一起，成为一本书刊的书芯，供订本后包封面。该法常用于平装书或精装书。配帖可用手工，也可用机械进行。手工配帖，劳动强度大、效率低，还只能小批量生产，因此现在主要用配帖机完成配帖的操作。

将配好的书帖（一般称毛本）撞齐、扎捆，除了锁线订以外，还要在配页前进行上蜡、配页后进行捆书、在毛本的背脊上刷胶水或糨糊浆背加工，干燥后一本本地分开，以防书帖散落，然后进行订书（图 4-42）。

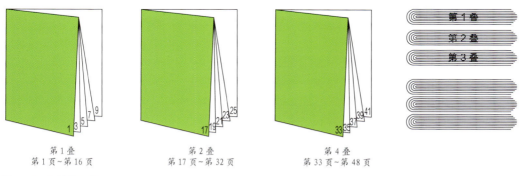

第1叠
第1页~第16页

第2叠
第17页~第32页

第4叠
第33页~第48页

图 4-42　配帖法配页

配帖机工作是将书帖按顺序放在传送带上，依次重叠，完成书芯的配帖。为了防止配帖出差错，印刷时，每一印张的帖脊处均会印上一个被称为折标的小方块。配帖以后的书芯，在书背处形成阶梯状的标记，检查时，只要发现梯档顺序错乱，即可发现，并纠正配帖的错误（图 4-43、图 4-44）。

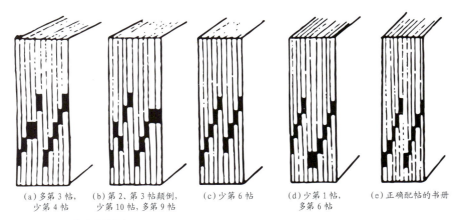

(a) 多第 3 帖，　(b) 第 2、第 3 帖颠倒，　(c) 少第 6 帖　(d) 少第 1 帖，　(e) 正确配帖的书册
　少第 4 帖　　　少第 10 帖，多第 9 帖　　　　　　　多第 6 帖

图 4-43　书背处阶梯状标记

图 4-44　Sprinter s / sXL 配页机

## 3）订联

　　订联工序是将配好的散帖书册通过手工或机械牢固地连接，使之成为一本完整书芯的加工过程。订联的方法主要有铁丝订、锁线订、无线胶订和活页装等（图 4-45）。

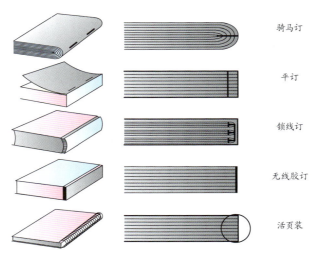

骑马订

平订

锁线订

无线胶订

活页装

图 4-45　常见装订的方式

铁丝订：用低碳钢拉制成的铁丝联接散帖成为书册，是书刊装订中较常用的一种书籍订联方式，使用广泛、操作方便、容易加工。但铁丝受潮易生锈，从而导致书籍损坏，在南方潮湿的气候中不太适用。铁丝订中分骑马订和平订两种工艺，完成订书操作的设备为订书机，订书机有单头订、双头订、半自动订、骑马联动订等。骑马订是将套帖配好的书芯连同封面一起，在书脊上用两个或两个以上铁丝扣订牢成为书刊。采用骑马订的书不宜太厚，不宜超过120页，适用于页数不多的产品手册、样本册、小型画册、简短的会议资料等印品，是书籍装订中既简单又方便、快速又便宜的一种装订方式（图4-46）。

锁线订：用线将书册订联锁紧的联结方法，操作时用线将配好的书册按顺序逐帖在订缝上将书册订联锁紧成册。锁线形式有平锁和交叉锁两种。锁线订用途广，适合精装、平装和豪华装等各种书籍加工（图4-47）。

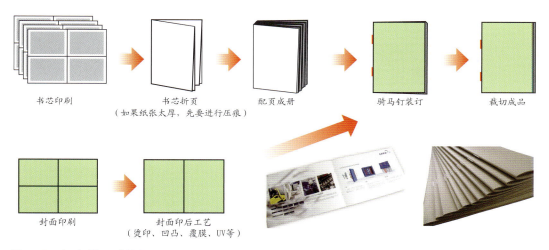

图 4-46　骑马钉装订工艺流程

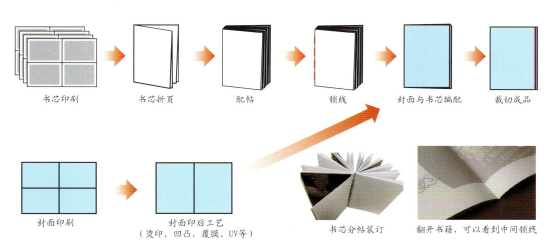

图 4-47　锁线装订工艺流程

无线胶订：用胶粘合书芯，使用机器设备从书芯到自动完成的装订工艺。这种方法不用铁丝，不用棉纱，其工艺流程为配页、进本、铣背、打毛、上侧胶、上书背胶、包封面、成型胶冷却、裁切、成品检验、成品捆扎等。生产效率高，出书速度快，阅读方便，适合于机械化、联动化、自动化的生产。用无线胶订装订的书芯，既能用于平装，也能用于精装。无线胶订常用于高档小型画册，但过厚的书在多次翻折后易脱胶而导致书页脱落（图4-48）。

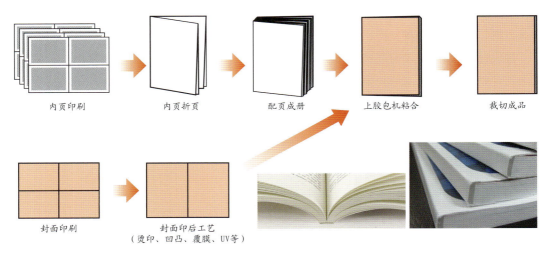

图4-48　无线胶装装订工艺流程

活页装：将书籍的封面和书芯不作固定订联，可以自由加入和取出书页的装帧形式。（图4-49）。

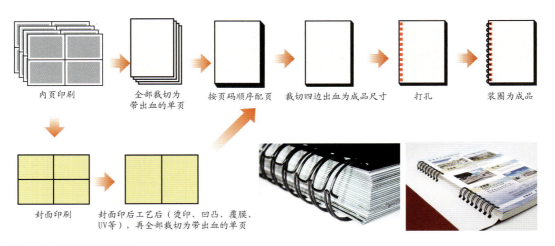

图4-49　圈装装订工艺流程

## 4.2.4　包本

包本工序是在书芯加工完成后，对封面、脊背等进行进一步加工最终形成成书的工艺方法。书籍的包本装订方式分为平装和精装两种。

### 1）平装工艺

平装是指书籍包本工序的加工。包本是将折页、配帖、订合等工序加工成的书芯包上封面，使之成为一本完整的装书册，包括手工包本、机器包本、烫背、勒口等操作过程。平装包本也称包封面、包本或裹皮等。包上封面后，便成为平装书籍的毛本。

平装书刊的封面有带勒口和无勒口两种。有无勒口在装订工艺上有很大的差别，无勒口平装书是先包上封面后进行三面裁切成为光本；有勒口平装书是先将书芯切口裁切好后包封面，再将封面宽出部分折到封里，最后再进行天头、地脚的裁切成为光本。由此可见，有勒口平装书比无勒口平装书增加了两道工序。

（1）平装书的构成

平装书的构成有封面、护封、腰封、护页、书脊、前勒口、后勒口等部分。不同需求的平装书装帧方法有所不同，其构成内容也可增减变化(图4-50 )。

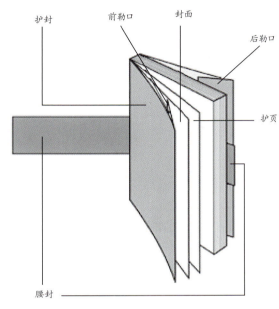

图4-50 平装书籍构成

（2）平装书工艺流程

平装书的工艺流程包括折页、配帖、订本、上胶、包封皮、烫背、三面切等工序。折页、配帖工序和精装书相同，如为锁线平装，其锁线工序也和精装书相同（图4-51）。

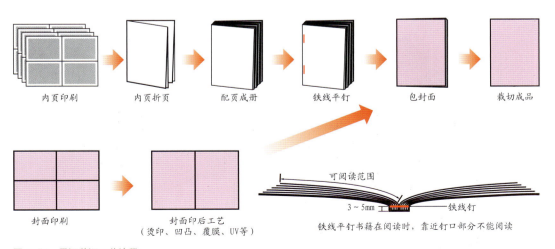

图4-51 平订装订工艺流程

（3）平装书装帧工艺及设备

勒口与复口：平装书装帧的一种加工形式，一般适用于比较讲究的一些平装本书刊。其作用是保护书芯，使书册使用寿命延长。由于勒口与复口的书刊加工数量较少，因此目前几乎全部采用手工操作来完成。

烫背工艺：将包好封面的书册进行烫压，使书脊烫平、烫实和烫牢的加工。烫背方式主要有平烫和滚烫，由烫背机来完成。

手工包本：通过手工操作将封面包住书芯，使之成为书册的工作过程。手工包封面的过程：折封面→书脊背刷胶→粘贴封面→包封面→抚平等。这种操作通称为"五合一"包本法。这种方法生产效率较低，现在除异形开本书外，很少采用手工包封面的方式。

机械包本：根据包本机外形不同分为长条型包本机和圆盘型包本机。机械包封机的工作过程是：将书芯背朝下放入存书槽内，随着机器的转动，书芯背通过胶水槽的上方，浸在胶水中的圆轮把胶水涂在书芯脊背部、靠近书脊的第一页和最后一页的订口边缘上。涂上胶水的书芯，随着机器的转动来到包封面的部位，使最上面一张封面被粘贴在书脊背上，然后集中放入烘背机里加压、烘干成为毛本。

①长条型包本机：操作时可单独使用，也可与本机联结为订包联动机进行加工，多用于薄本书刊的加工，单双联均有。

②圆盘型包本机：工作时主要通过大夹盘（转盘）的旋转输送进行包本。目前圆盘型包本机采用匀速间歇旋转运动，每间歇一次包一本书册，用手工续本的方式进本。较厚的书册一般则采用圆盘式包本机或无线胶订机进行加工（图4-52、图4-53）。

平装书籍的封面应包得牢固、平整，书背上的文字应居于书背的正中直线位置，不能斜歪，封面应清洁、无破损、折角等。

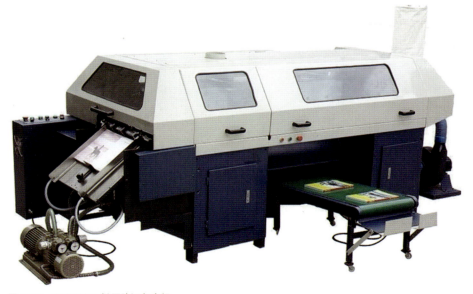

图4-52　TBB50/4A椭圆胶订包本机

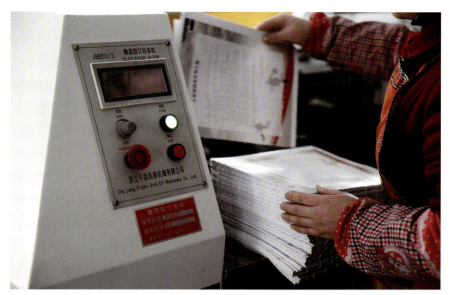

图 4-53 椭圆胶订包本机工作局部图

（4）裁切的工艺和设备

纸张裁切机械分为单面切纸机和三面切书机两大类。单面切纸机可以用来裁切装订材料（纸张、纸板及塑料布等）、印刷半成品和成品，应用范围较广。三面切书机主要用来裁切各种书籍和杂志的成品，是印后加工专用机械，裁切书刊效率高、质量好。单面切纸机和三面切书机在结构上虽有不同，但裁切原理基本相同。

（5）平装联动机

在书籍生产过程中，为了加快装订速度，提高装订质量，并避免各工序间半成品的堆放和搬运，通常会将印刷和装订设备连接在一起，一次性完成印刷和装订过程，从而获得最终的印刷品。

①骑马装订联动机：集配帖（搭页机组）、订（骑马订书机）、切（三面切书机）三个功能于一机，称为三联机。在此基础上再增加单张封面或插页的折页搭页机构，并在切书后有自动堆积计数机组合在一起联动，称为五联机。三联机的工作过程是将完成折页后的书帖，由搭页机组自动输页于集书链上，再传送到骑马订书机组。订书前通过检测装置，发现多帖或缺帖等误差即发出讯号，使订书机头不予加订，并把不合格书帖从另一通道输送到废品储存斗。订书机只对合格书帖进行加订，并输送到三面切书机，经过稳定装置后裁切前口，再裁切天头地脚。如果是双联本，从中裁切被称剖双联，然后通过计数装置送入收书斗或进入堆积机进行计数堆积，完成全部作业。骑马装订联动机生产效率高，适合装订64页以下的薄本书籍，如期刊、杂志、练习本等。缺点是书帖只依靠两个铁丝扣连接，因而牢固度较差。

②胶黏订联动机：能够连续完成配页、撞齐、锯背、锯槽、打毛、酸、粘纱布、包封面、刮背成型、切书等工序。有的用热熔胶黏合，使树脂熔融，从而将需要装订的纸张焊接在一起，有的则用冷胶黏合。胶黏订联动机自动化程度很高，每小时装订数量可高达8000册甚至更多。

## 2）精装工艺

精装书籍是在书的封面和书芯的脊背、书角上进行各种造型加工，是一种精致装订方法。精装书籍的加工方法和形式多种多样，如书芯加工就有圆背（起脊或不起脊）、方背、方角和圆角等；封面加工又分整面、接面、方圆角、烫箔、压烫花纹图案等。精装书最大的优点是护封坚固，起保护内页的作用，使书经久耐用。锁线胶订牢固，但装订速度慢，常用于大型画册。

（1）精装书构成

精装书籍与平装书籍相比结构复杂得多，其构成有封面、护封、腰封、书脊、勒口、封套、腰封、堵头布、书签带、环衬、夹衬、前扉、扉页、书顶、书口、书根等部分。不同需求的精装书籍装帧方法有所不同，其构成内容也可增减变化（图4-54）。

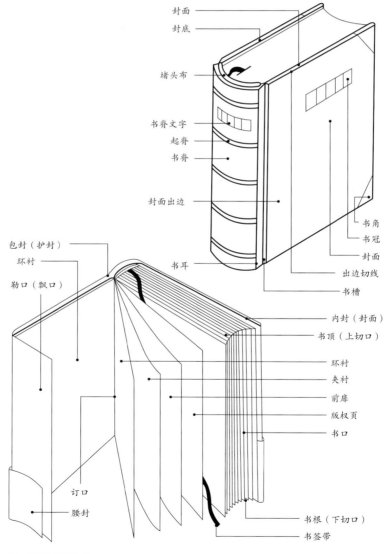

图 4-54　精装书籍构成

（2）加工方法详解

①封壳：由封壳面料包在封壳纸板和中径纸板上。

②环衬：粘在书芯上下两面，起装饰作用，并使书芯与封壳连接。通常是对折页，粘口粘在书脊一侧。

③书背纸：一张薄纸粘在纱布上，起加固作用。

④纱布：粘在书芯背面，起加固作用。

⑤堵头布：粘在书芯背面上下两端的布条，用来遮掩装订痕迹。

⑥书签带：粘在书芯背面上端的丝带（图4-55）。

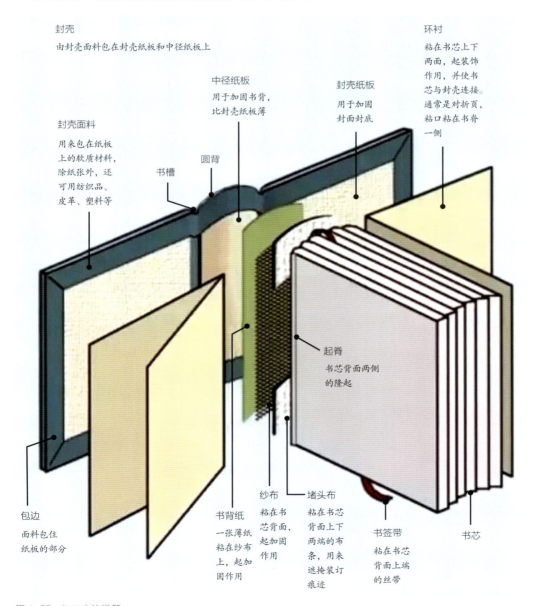

图4-55　加工方法详解

（3）精装书工艺流程

用机械或手工制作精装书的工艺流程分为书芯、书封和套合三个步骤。

书芯加工流程：半成品印张开始→撞页→开料→粘、套页→粘环衬→配页→锁线→半成品检查→压平→堆积压平→切书→捆书→涂黏合剂→干燥分本→切书→涂黏合剂→扒圆→起脊→涂黏合剂→潮湿→粘书签丝带→粘堵头布→涂黏合剂→粘书背布→粘书背纸→涂黏合剂→粘筒子纸。

书封加工流程：计算书封壳各料尺寸→开料→涂黏合剂→组壳→包壳塞角→压平→自然干燥→烫印。

套合加工流程：涂中缝黏合剂→套壳→压槽→扫衬→压平定型→自然干燥→成品检查→包护封→包装贴标。

（4）精装联动机

精装联动机的工艺过程是：首先，由供书芯机构把经过锁线或胶粘好的毛本书芯自动逐本传送给压平机，进行分步加压，使书芯初步压紧平服；其次，通过振动站使书芯逐本排列整齐后夹紧，送到刷胶装置上均匀地给书背刷上液体粘胶剂，并立即经辐射热烘干，继而进入书芯压紧机的数个工位，逐渐加压，使书芯厚度一致，以便与书壳配合适应，然后送入堆积机；再次，书芯按一定本数（厚度）堆叠后，送入三面切书机按一定规格裁切成光本书芯，随即对书芯的书背顺序进行扒圆、起脊、书背上胶、贴纱布、贴背衬、贴顶带；然后，将平背或扒圆起脊的书脊两侧刷胶，套上经过整型并压好折线的书壳；最后，通过成型站和加压站，进行压槽成型，完成精装书的全部加工工序。

各类装订联动机在完成书籍装订以后，可根据需要配备包装机、地址机，使输出的书籍通过编制的程序，堆积到预定数量后打包，由地址打印机加贴标签，将包装好的书籍直接送到发送仓储或邮发单位。

## 4.3　模切成型加工

模切成型加工是印刷品后期加工的一种裁切工艺，用于制作所需的包装盒（平面型），经折叠、粘贴或装订等步骤，加工成容器制品的工艺过程。

### 4.3.1　模切压痕

模切压痕版

模切压痕工艺是根据设计的要求，在压力的作用下将印刷品裁切成所需的形状，然后去掉多余的部分从而获得所需印刷成品。以钢刀排成模（或用钢板雕刻成模），在模切机上把承印物冲切成一定形状的工艺称为模切工艺；利用钢线通过压印，在承印物上压出痕迹或留下利于弯折的槽痕的工艺称为压痕工艺。模压版是由模板、钢刀和钢线制成。适用于纸制品、皮革和塑料等材料的成型加工。

模压机分为半自动和全自动两种。模切机规格有 4 开机、对开机、全开机。模压机与压板的结构，可分为平压平、圆压平和圆压圆三种。平压平机又分为立式平压平和卧式平压平两种（图

4-56、图4-57）。

模切压痕工艺分为设计模压版、制作模压版和上机模压三个步骤。

模切压痕版的设计：模切压痕版的版面尺寸是根据印品的规格大小而定，依照印品的纸张尺寸、质量要求、生产数量、适合生产的机台等要素，选用底版材料、钢刀、钢线等。模板制作的质量优劣直接影响产品质量的优劣（图4-58、图4-59）。

压痕版的制底版制作：模切用的印版，实际上是带锋口的钢线，其高度约为23.8 mm，把钢线在夹具上弯成各种所需要的形状，再组排成"印版"。经过压印，使承印物裁切为要求的形状。压痕用的印版也是钢线，高度比模切用的刀线略低（约低0.8 mm），没有锋口，排组成压痕版后用其压印，使承印物表面出现痕迹。有特殊要求的无缝刀具是用整块钢雕刻制成，这种刀具的成本较高，但经久耐用。

图4-56　全自动模切压痕机

图4-57　手动模切压痕机图

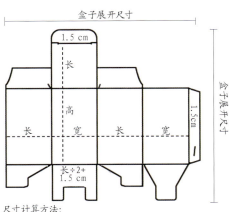

尺寸计算方法：
材料宽度＝长＋宽＋长＋宽＋糊头1.5 cm
材料长度＝（长÷2+1.5 cm）＋高＋长＋1.5 cm

图4-58　模切压痕版设计

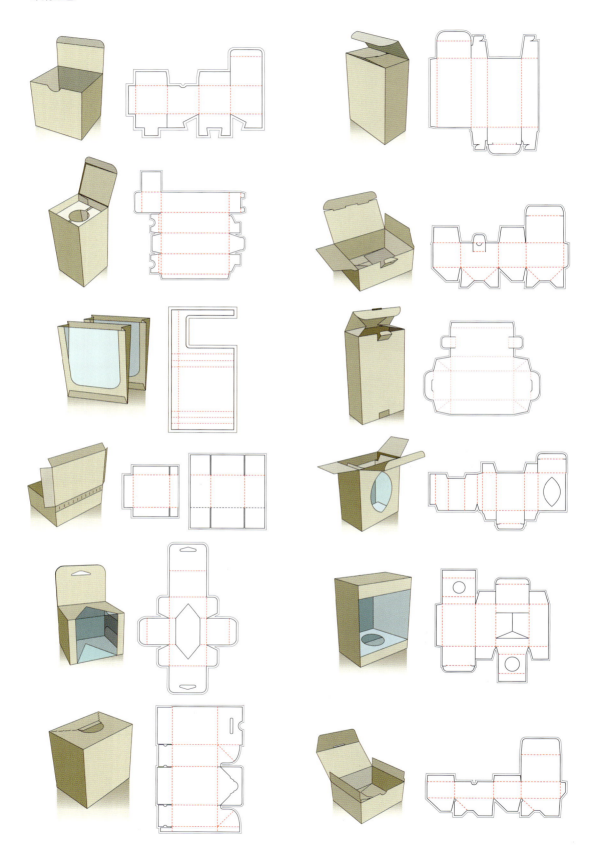

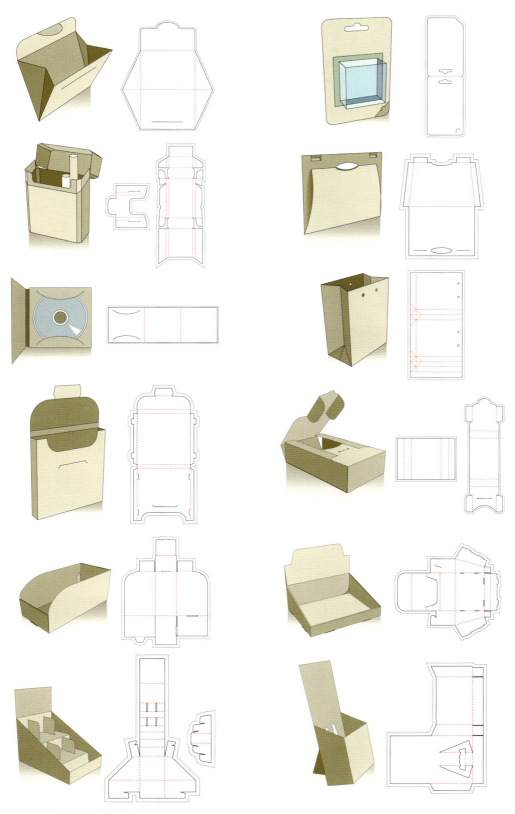

图 4-59　包装盒盒型与刀线图

　　模切压痕底版有金属底版和木板底版两种，常用木板底版是胶合板，其成本低、制作速度快（图4-60）。

　　上机模压：将制好的模切版固定到模切机台上，调整机台压力和校正模版、垫板的平衡水平位置，试印件经检测后达到生产质量标准，即可进行印刷成品批量生产，将印刷成品扎压出需要的压痕或留下可以折叠的折痕，然后用户根据压痕折叠出所需要的产品。

　　压痕钢线有许多种类，如点线状、压痕状等。在大多数情况下，根据印刷产品的需要，往往是将压痕钢线和模切刀组合在同一个模版以内，在模压机上同时进行模切和压痕加工（图4-61至图4-64）。

## 4.3.2　粘裱

　　粘裱是用白乳胶等黏合剂对印刷品、瓦楞纸或箱板纸实行粘接、贴合，以增加印刷品的强度、厚度和尺寸，以达到保护产品的功能，如瓦楞纸是用三层或五层的纸粘合成一张纸版，包装盒是由两张或两张以上的纸、纸板模切后粘合或订合、折叠而成。

图4-60　全自动模切机用模压版

图4-61　邮票点状压痕

图4-62　手提袋线状压痕

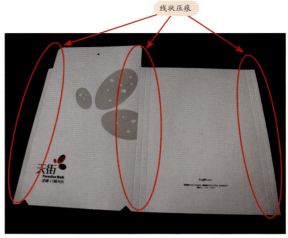

图4-63　生产状态下的手提袋线状压痕

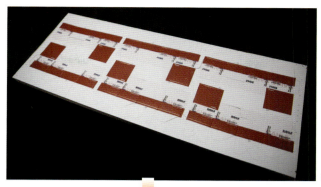

自动包装
拣选机

手工整理包装
产品

模切后的印刷件

分离后的废弃部分

分离后的包装产品

图 4-64　印刷产品模切分解图

　　瓦楞纸包装已经成为现代包装中最广泛使用的包装容器之一，也是当今世界各国普遍采用的重要包装形式之一（图 4-65）。

　　瓦楞纸是面纸、里纸加工成波形瓦楞状的芯纸粘合而成的板状物，瓦楞纸具有成本低、质量轻、加工易、强度大、印刷适应性样优良、储存搬运方便等优点，80% 以上的瓦楞纸均可通过回收再生，瓦楞纸可用作产品的包装盒或包装箱，相对环保，广泛应用生产生活的各个方面（图 4-66、图 4-67）。

图 4-65　全自动高速糊折盒机生产线

半自动粘盒机

半自动粘裱机

半自动裱糊硬
包装盒流程

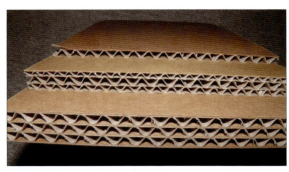

图 4-66　瓦楞纸

图 4-67　彩色瓦楞纸

### 1）瓦楞纸箱生产工艺

通过瓦楞纸机，瓦楞原纸上下瓦楞辊对压成型，经上糊辊上糨糊，面纸与成型的瓦楞纸在压力辊与上瓦楞辊切线处贴合成二层瓦楞纸板，再经牵引皮带上天桥到双面机部位，与其他单瓦楞纸板、面纸复合成型。

瓦楞彩箱手工
加工工艺流程

### 2）瓦楞形状

瓦楞楞形的形状一般可分为 U 形、V 形和 UV 形三种。

U 形瓦楞的圆弧半径较大，缓冲性能好，富有弹性，压力消除后仍能恢复原状，但抗压力较弱，黏合剂的施涂面大，容易黏合。

自动彩色瓦楞
包装箱粘裱机

V 形瓦楞的圆弧半径较小，缓冲性能差，抗压力强，在加压初期抗压性较好，但超过最高点后即迅速破坏。黏合剂的施涂面小，不易黏合，成本较低。

UV 形是介于 V 形和 U 形之间的一种楞形，其圆弧半径大于 V 形，小于 U 形，因而兼有二者的优点。所以目前广泛使用 UV 形瓦楞来制造瓦楞纸板（图 4-68）。

自动瓦楞包装
箱模切机

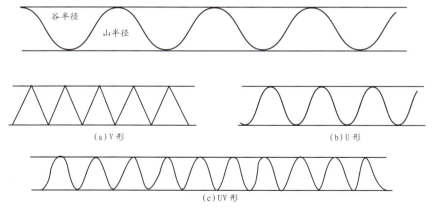

图 4-68　瓦楞的楞形形状

按国家标准《瓦楞纸板》（GB/T 6544—2008）规定，所有楞型的瓦楞形状均采用 UV 形，瓦楞纸板的楞型有 A、B、C、E、F 五种类型。瓦楞纸板类型见表 4-1。

表 4-1　瓦楞纸板类型

| 楞　型 | 楞高 $h$/mm | 楞宽 $t$/mm | 楞数 /（个 /300mm） |
|---|---|---|---|
| A | 4.5 ~ 5.0 | 8.0 ~ 9.5 | 34 ± 3 |
| C | 3.5 ~ 4.0 | 6.8 ~ 7.9 | 41 ± 3 |
| B | 2.5 ~ 3.0 | 5.5 ~ 6.5 | 50 ± 4 |
| E | 1.1 ~ 2.0 | 3.0 ~ 3.5 | 93 ± 6 |
| F | 0.6 ~ 0.9 | 1.9 ~ 2.6 | 136 ± 20 |

### 3）瓦楞结构

　　瓦楞纸板结构是一个多层纸张的粘合体，它最少由一层波浪形芯纸夹层（也称楞纸）及一层面纸构成，有很高的机械强度，能经受搬运过程中的碰撞和摔跌，瓦楞纸箱的实际表现取决于芯纸和纸板的特性以及纸箱本身的结构这三项因素。

　　一般分为单瓦楞纸板和双瓦楞纸板两类，根据需要有二层、三层、五层和七层瓦楞纸板结构，以及 AA、AB、AC、CB、AAA 和 ACB 等多种组合形式（图 4-69、图 4-70）。

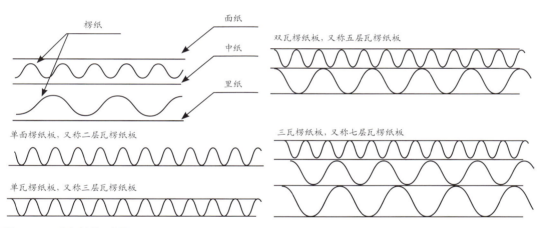

图 4-69　瓦楞纸结构及名称

3 层 E 瓦，厚度 ≈ 1 mm，可代替厚纸板，平面抗压强度好

3 层 B 瓦，厚度 ≈ 2.5 mm，平面耐压性能较高，适合包装较硬的物品

3 层 C 瓦，厚度 ≈ 3.5 mm，性能介于 A 瓦与 B 瓦之间

3 层 A 瓦，厚度 ≈ 4.5 mm，瓦楞高度最大，富有弹性，缓冲性能好，承受垂直压力性能较高

5 层 BE 瓦，厚度 ≈ 4.5 mm，双瓦楞主要用于单件包装重量较轻且易破碎的物品

5 层 AB 瓦，厚度 ≈ 7.5 mm，综合性能较高，更好保护大件物品

图 4-70　瓦楞纸板型号与性能参数

### 4）瓦楞纸包装箱

瓦楞纸箱由瓦楞纸板制成，已成为现代包装中最广泛使用的包装容器之一，广泛应用于生产生活的各个领域，也是当今世界各国普遍采用的重要包装形式之一（图4-71）。

图 4-71　瓦楞纸包装箱

（1）瓦楞纸包装箱的优点

①缓冲性能好。瓦楞纸板具有特殊结构，纸板结构中 60% ~ 70% 的体积是空的，故具有良好的减震性能，可减少被包装物品受碰撞和冲击时受到的伤害。

②轻便、牢固。瓦楞纸板是空心结构，用最少的材料构成刚性较大箱体，故轻便、牢固，与同容积的木箱相比，仅为木箱质量的 1/4 ~ 1/5。

③外形尺寸小。瓦楞纸箱在贮运时，可以折叠成平板状，便于贮运；使用时，打开即成箱体，且比同容积的木箱、胶合板箱体积小得多。

④原料充足，成本低。生产瓦楞纸板的原料很多，边角木材、竹、麦草、芦苇等均可，故其成本较低，仅为同容积木箱的一半左右。

⑤便于自动化生产。现已有成套瓦楞纸箱生产自动线，可大批量、高效率地生产瓦楞纸箱。

⑥包装作业成本低。用瓦楞纸箱包装物品，易于实现物品自动化包装，减轻了包装工作量，也就降低了包装成本。

⑦能包装多种物品。瓦楞纸箱本身可用于包装的物品范围大，而若与各种覆盖物和防潮材料结合使用，则可大大拓展其应用范围。如防潮瓦楞纸箱可包装水果和蔬菜；加塑料薄膜覆盖的可包装易吸潮物品；使用塑料薄膜衬套，在箱中可形成密封包装，以包装液体、半流体物品等。

⑧金属用量少。瓦楞纸箱的成型，只需要少量箱钉，与木箱制造相比，仅及它的 5%。

⑨印刷性能好。瓦楞纸板有良好的吸墨能力，易于印刷，便于宣传商品。

⑩可回收复用。瓦楞纸箱可多次重复使用，降低了包装成本，减少对环境造成的污染。

（2）瓦楞纸包装箱箱型结构形式

瓦楞纸包装箱种类繁多，结构型式各异。按照国际纸箱箱型标准，基本箱型一般用四位数字表示，前两位表示箱型种类，后两位表示同一箱型种类中不同的纸箱式样。

①摇盖型纸箱（02 型）：由一片或几片经过加工的瓦楞纸板组成，通过钉合或粘合的方法结合粘接口而成箱。运输、储存时呈平板状，使用时封合上下摇盖，这类纸箱使用最广，尤其是 0201 箱，可用来包装多种商品，国际上称为 RSC 箱（Regular Slotted Case）。摇盖型纸箱是运输包装中最基本的一种箱型，也是目前使用最广泛的一种纸箱（图 4-72）。

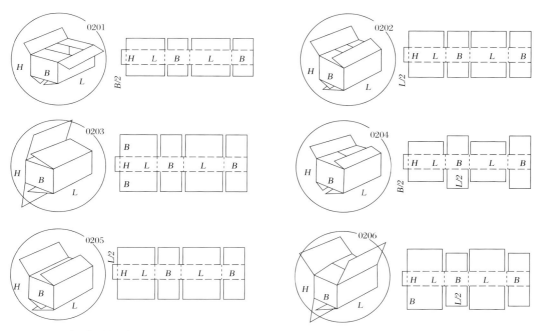

图 4-72　02 型摇盖纸箱分类和代号

②套合型纸箱（03 型）：套合型纸箱箱体和箱盖是分离的，使用时进行套合。纸箱正放时，顶盖或底盖可以全部或部分盖住箱体（图 4-73）。

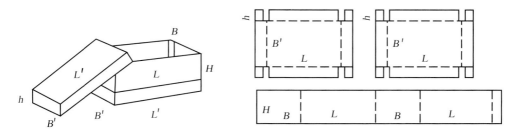

图 4-73　03 型摇盖纸箱分类和代号

③折叠型纸箱（04 型）：折叠型纸箱通常由一页纸板组成，甚至部分箱型不需要钉合或粘合，只要折叠即能成型，还可设计锁口、提手和展示牌等结构（图 4-74）。

④滑盖型纸箱（05 型）：由数个内装箱或框架及外箱组成，内箱与外箱以相对方向运动套入。这一类型的部分箱型可以作为其他类型纸箱的外箱（图 4-75）。

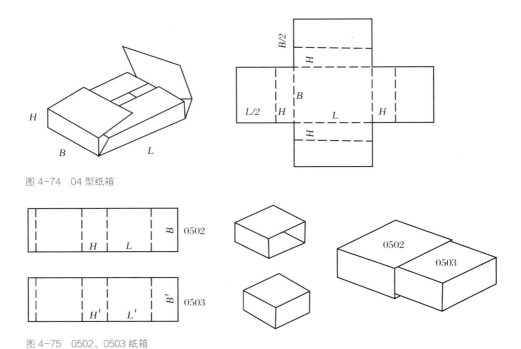

图 4-74　04 型纸箱

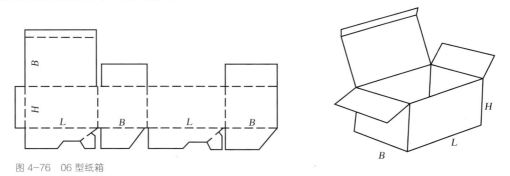

图 4-75　0502、0503 纸箱

　　⑤固定型纸箱（06 型）：由两个分离的端面及连接的箱体组成。使用前通过钉合或粘合将端面及箱体连接起来而成纸箱（图 4-76）。

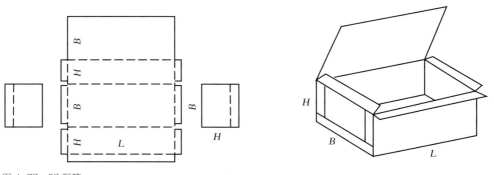

图 4-76　06 型纸箱

　　⑥自封底型纸箱（07 型）：只用一张纸板成型，在纸板的粘接口钉合或粘合，运输呈平板状，使用时打开箱体即可自动固定成型。结构与折叠纸盒相似（图 4-77）。

图 4-77　07 型箱

⑦内衬件（09型）：包括隔板、隔垫、隔框、衬垫、垫板等。盒式纸板、衬套周边不封闭放在纸盒内部，加强了箱壁并提高包装的可靠性。隔垫、隔框用于分割被包装的产品，提高箱底的强度，保护商品在运输过程中不受损坏（图4-78）。

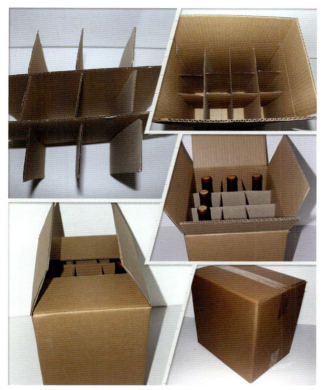

图4-78　4×3井字隔板红酒纸箱包装

## 4.3.3　裁切

裁切是先将印刷产品堆砌齐整，用切纸机按要求将其N边裁切掉出血位置（一般为3 mm），使毛边变成整齐的光边，成为可阅读或可使用的印刷成品（图4-79）。

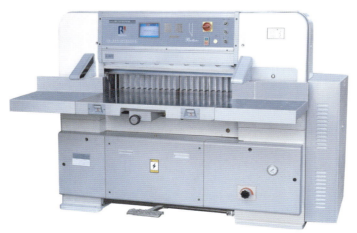

图4-79　数字彩显切纸机

数控切纸机

◆**实训任务**

1.列举书籍类印刷品三种印后加工工艺。

2.列举包装类印刷品五种印后加工工艺。

3.列举我国古代书籍五种装订形式，现代书籍三种装订形式。

4.简述瓦楞纸包装箱的优点。

# 5 印刷品价格核算及案例

不同种类的印刷品，其价格构成不同，即使同一种类的印刷品，印刷数量不同，其单价也会不同。生产数量越大，其单位成本越低，当然销售价格也就越低。

印刷品的价格构成比较复杂，影响印刷品价格的因素比较多，印刷品价格可以拆解成纸张价格、设计费、胶片费（CTP 不需要）、打样费、晒 PS 版费（CTP 不需要）、印工费、印后加工费等部分，将各部分的价格计算出来后累加，即可得到该产品的总价。再将总价再平均分配到每件产品上，就可以得出单价。

另外，平版、凹版、凸版和孔版印刷等多种印刷方式，其价格构成也不一样，以平版胶印为例讲解。

## 5.1 印刷品价格构成

### 5.1.1 纸张价格

单张纸的价格核算公式：系数 ×（所用纸张克重 ÷100）×（纸张的吨价 ÷10000）=单张纸价。

实例一：大度纸（规格 889 mm×1194 mm）157 g 亮光铜版纸，大度纸的固定系数 1.06，纸价是 7500 元 /t，问大度纸单张价格是多少？

解析：大度纸单价 =1.06×（157 g ÷100）×（7500 元 ÷10000）≈ 1.248 元

实例二：正度纸（规格 787 mm×1092 mm）157g 亮光铜版纸，正度纸的固定系数 0.86，纸价是 7500 元 /t，问正度纸单张价格是多少？

解析：正度纸单价 =0.86×（157g ÷100）×（7500 元 ÷10000）≈ 1.013 元

特殊规格纸张 880 mm×1230 mm 的固定系数为 1.08；850 mm×1168 mm 的固定系数为 1，这样计算出的纸价误差很小，只有一两分钱左右，对印刷整体价格影响可以忽略。

总纸价 =［（印刷总量 ÷ 开数）+ 损耗（印刷时的浪费）］× 单价

### 5.1.2 设计费

设计费存在印刷品档次不同、地域差异和设计期限等变量因素，可按每页收费，也可按每本收费。

### 5.1.3 胶片费（CTP 不需要）

胶片费的收取按开度，即以胶片的尺寸大小计价，尺寸越大，价格越高；尺寸越小，价格越低，见表 5–1。

表 5-1　产品说明书价格核算表

| 序　号 | 名　称 | 尺寸 /mm | 单价 / 元 | 数量 / 张 | 总价 /(元·套$^{-1}$) |
|---|---|---|---|---|---|
| 1 | 对开胶片 | 838×630 | 50 | 4 | 200 |
| 2 | 4 开胶片 | 610×470 | 30 | 4 | 120 |
| 3 | 8 开胶片 | 470×315 | 20 | 4 | 80 |
| 4 | 16 开胶片 | 315×240 | 10 | 4 | 40 |

## 5.1.4　打样费

传统打样价格为：对开 4 色 350 元 / 套（供参考），提供 CMYK 单色印刷各一张（共 4 张）、双色印刷 3 张、CMYK 四色印刷 2 张，纸张一般为 157g 铜版。

数码打样价格为：8 开单面 3 元 / 张（供参考），纸张一般为 157g 铜版。

## 5.1.5　晒 PS 版费（CTP 不需要）

PS 版价格和所用印刷机的幅面有直接的关系，包括晒版的工时费、材料费、拼版费等（表 5-2）。

表 5-2　PS 版价格参考表

| 序　号 | 名　称 | 传统阳图 PS 版 | 传统阴图 PS 版 | CTP 版 |
|---|---|---|---|---|
| 1 | 全开版 | 150 元 / 块 | 200 元 / 块 | 250 元 / 块 |
| 2 | 对开版 | 100 元 / 块 | 150 元 / 块 | 100 元 / 块 |
| 3 | 4 开版 | 50 元 / 块 | 80 元 / 块 | 50 元 / 块 |

## 5.1.6　印工费

印工费也称印刷开机费，印工费的核算是按每套版计算，包括油墨及印刷工人的工时费、电费、机器折旧费等，根据印刷品难度、时间、颜色多少而定，见表 5-3。

表 5-3　印工费参考价格表

| 序　号 | 名　称 | 印刷数量 / 张 | 单色价 / 元 | 总价 /（元·套$^{-1}$） |
|---|---|---|---|---|
| 1 | 大全开 | 1000 | 250 ~ 450 | 1000 ~ 1800 |
| 2 | 小全开 | 1000 | 200 ~ 350 | 800 ~ 1500 |
| 3 | 对开 | 1000 | 100 ~ 150 | 400 ~ 600 |
| 4 | 4 开 | 1000 | 40 ~ 60 | 160 ~ 240 |
| 5 | 6 开 | 1000 | 30 ~ 50 | 120 ~ 200 |
| 6 | 8 开 | 1000 | 25 ~ 40 | 100 ~ 160 |
| 7 | 专色 | 是相应单色价的 1.5 ~ 2 倍 | | |

实例三：已知一套 4 开自翻版印刷 8000 份双面印刷，开机费 4 开 15 元 / 色，求印工费是多少？

解析：印工费 =（8000÷1000）×15 元 ×4 色 ×2 面 =960 元，所以印工费是 960 元。

## 5.1.7　印后加工费

印后加工费价格是变量因素，因地区不同、单位不同，价格亦不相同，并受市场影响而变动，分为印后表面加工类、烫压类、模切类、书刊装订类、粘裱成型类和礼品袋类六个类别，见表5-4至表5-9。

表5-4　印后表面加工类参考价格表（单位：元/m²）

| 序　号 | 规　格 | 覆亮膜 | 覆哑膜 | 覆镭射膜 | 上光油 | 压　光 | 上吸塑油 |
|---|---|---|---|---|---|---|---|
| 1 | 大对开 | 0.35 | 0.48 | 0.93 | 0.15 | 0.19 | 0.19 |
| 2 | 对开 | 0.30 | 0.43 | 0.76 | 0.14 | 0.17 | 0.17 |
| 3 | 大4开 | 0.21 | 0.31 | 0.46 | 0.08 | 0.13 | 0.13 |
| 4 | 4开 | 0.18 | 0.27 | 0.38 | 0.07 | 0.12 | 0.12 |
| 5 | 大8开 | 0.13 | 0.20 | 0.23 | 0.05 | 0.07 | 0.07 |
| 6 | 8开 | 0.12 | 0.17 | 0.20 | 0.05 | 0.07 | 0.07 |
| 7 | 大16开 | 0.10 | 0.17 | — | 0.05 | 0.07 | 0.07 |
| 8 | 16开 | 0.10 | 0.17 | — | 0.05 | 0.07 | 0.07 |
| 9 | 以上覆膜为一般价格，如需增加薄膜厚度，需另加价10% | | | | — | | |

表5-5　烫压类参考价格表

| 序　号 | 名　称 | 制版费/（元·cm⁻²） | 加工费/（元·次⁻¹） | 材料费/（元·cm⁻²） | 计算方法 |
|---|---|---|---|---|---|
| 1 | 烫金版 | 金属铝版0.1<br>金属铜版0.3 | 0.02元/次，100元起 | 烫金膜0.001元/cm² | 烫金价格=制版费+加工费+材料费 |
| 2 | 凹凸版 | 树脂版0.2<br>金属版0.2 | 0.02元/次，100元起 | — | 凹凸价格=制版费+加工费 |
| 3 | 浮雕版 | 金属铝版3～4<br>金属铜版4～5 | 0.02元/次，200元起 | — | 浮雕价格=制版费+加工费 |
| 4 | 压纹版 | 金属版0.2 | 0.08元/对开张数，150元起 | — | 压纹价格=制版费+加工费 |

表5-6　模切类参考价格表

| 序　号 | 名　称 | 模切费 | | 模切加工费 | | 软盒粘贴费 | |
|---|---|---|---|---|---|---|---|
| | | 普通版（块/元） | 激光版（块/元） | 普通卡纸（元/万次） | 不干胶（元/万次） | 人工粘（元/万次） | 机粘（元/万次） |
| 1 | 全开 | 200～300 | — | — | — | — | — |
| 2 | 对开 | 100～200 | 500～5000 | 200～300 | 200～300 | 120 | 60 |
| 3 | 4开 | 30～100 | 200～500 | 100～200 | 150～200 | 120 | 60 |
| 4 | 说明：1. 当模切版曲线多、弯曲角度大时，应选择激光版；<br>　　　2. 高质量产品对激光版精度要求较高，因此价格较高；<br>　　　3. 版内小盒多达10个以上，价格相应增加；<br>　　　4. 软盒粘贴费为单次价格，如需增加，则价格相应增加 | | | | | | |

表 5-7　书刊装订类参考价格表

| 序　号 | 类　型 | 封　面 | | 内页（配页、折页、机装） | | 上封面 |
|---|---|---|---|---|---|---|
| 1 | 精装 | 封面与纸板的裱糊面积 + 纸板与环衬的裱糊面积 | 0.0005 元 /cm² | 锁线<br><br>胶订 | 0.07 元 / 贴<br><br>0.05 ~ 0.06 元 / 贴 | 贴纱布 0.01 元 / 个<br>贴脊头布 0.01 元 / 个<br>贴丝带 0.01 元 / 个<br>封面起脊 0.5 元 / 个<br>上护封 0.01 元 / 个 |
| | | 模切版费 | 50 ~ 100 元 / 块 | | | |
| | | 模切加工费 | 100 元起 / 块 | | | |
| 2 | 假精装 | 封面与环衬的裱糊面积 | 0.0005 元 /cm² | 锁线<br><br>胶订 | 0.07 元 / 贴<br><br>0.05 ~ 0.06 元 / 贴 | 贴纱布 0.01 元 / 个<br>贴脊头布 0.01 元 / 个<br>贴丝带 0.01 元 / 个<br>封面起脊 0.5 元 / 个<br>上护封 0.01 元 / 个 |
| | | 模切版费 | 30 ~ 50 元 / 块 | | | |
| | | 模切加工费 | 100 元起 / 块 | | | |
| 3 | 简装 | 模切版费（200g 以上纸张加收版费） | 30 ~ 50 元 / 块 | 胶订 | 0.05 ~ 0.06 元 / 贴 | 有勒口：内页贴价 ×4<br>无勒口：内页贴价 ×2 |
| | | 模切加工费 | 100 元起 / 块 | | 0.02 ~ 0.03 元 / 贴 | — |
| 4 | 骑马钉 | 0.03 元 / 贴（封面纸与内页纸不同时，封面按 1 贴 0.03 元 / 贴计） | | | | |

表 5-8　粘裱成型类参考价格表

| 序　号 | | 硬盒成型加工费 | 盒内附件加工费 | 其他加工费 | |
|---|---|---|---|---|---|
| 1 | 面纸 | 模版费 50 ~ 100 元 / 块 | 贴斜丝带 0.005 元 / 条<br>加磁吸 0.15 元 / 对<br>放内衬 0.1 元 / 个 | 面纸内衬海绵加工 | 模版费 50 ~ 100 元 / 块 |
| | | 模切费 150 元 / 万次 | | | 模切费 150 元 / 万次 |
| | | 裱糊费 0.0005 元 /cm² | | | 裱糊费 0.0005 元 /cm² |
| 2 | 工业纸板 | 模版费 50 ~ 100 元 / 块 | — | | |
| | | 模切费 150 元 / 万次 | | | |
| 3 | 内衬纸 | 模版费 50 ~ 100 元 / 块 | 1. 不规则异型盒，裱糊费 0.00075 ~ 0.0013 元 /cm²；<br>2. 有边框线位的硬纸盒，裱糊费 0.00075 元 /cm² | | |
| | | 模切费 150 元 / 万次 | | | |
| | | 裱糊费 0.0005 元 /cm² | | | |
| 4 | 硬盒成型拼接费 | 0.1 元 / 拼 | | | |
| 5 | 开窗式纸盒的窗口面积 + 裱糊费 | 裱糊费 0.0005 元 /cm² | | | |

表 5-9　礼品袋类参考价格表

| 序　号 | | 加工模切版 | 模切、粘裱、穿绳 | 最低标准 |
|---|---|---|---|---|
| 1 | 全开 | 250 元 / 块 | 0.45 元 / 个 | 起价 450 元 |
| 2 | 对开 | 150 元 / 块 | 0.4 元 / 个 | 起价 400 元 |
| 3 | 4 开 | 80 元 / 块 | 0.3 元 / 个 | 起价 300 元 |

## 5.2　价格核算案例

以下案例的模式可以套用，各项具体价格请咨询当地印刷企业。

**实例一 产品说明书的价格核算**

1. 印件要求

印数：5000 份；纸张：157 g 亮光铜版纸；开度：大度 16 开双面；印刷方式：4 色胶印；印后加工：双面亮光覆膜，问产品说明书单价是多少？

2. 单项计算（表 5-10）

表 5-10 产品说明书价格核算表

| 序号 | 项目 | 价格 | 备注 |
|---|---|---|---|
| 1 | 设计制作费 | 500 元 | |
| 2 | 数码打样费 | 6 元 | |
| 3 | 胶片出片费（CTP 不需要） | 80 元 / 套 | 4 开自翻版 |
| 4 | PS 印版费 | 4 张 × 100 元 =400 元 / 套 | 一般为对开机印刷 |
| 5 | 纸张费 | 铜版纸 157 g 单价：1.06 × 1.57 × 0.75=1.25 元 / 张；纸张总价 =［（5,000 ÷ 16）+25（消耗）］× 1.25=420 元 | |
| 6 | 印工费 | ［（5000 ÷ 4）÷ 1000］× 20 × 4 × 2=200 元 ≤ 300 元（最低开机费），因实际印工费不满 300 元按 300 元计算，所以印工费为 300 元 | |
| 7 | 印后加工费 | 单价：［（0.889 × 1.194）÷ 16］× 0.35 × 2=0.046 元 / 张；总价：5000 × 0.046 =232 元 | 双面亮光覆膜 |
| | 合计 | 1938 元 | |
| | 单价 | 0.3876 元 / 张 | |

**实例二 画册的价格核算**

1. 印件要求

印数：10000 本；纸张：封面 200 g 亮光铜版纸，内页 157g 亮光铜版纸；开度：大度 16 开；印刷方式：4 色胶印；印后加工：哑光单面覆膜，内页上光油；页数：12 页（其中内页 8 页），问画册单价是多少？

2. 单项计算（表 5-11）

表 5-11 画册价格核算表

| 序号 | 项目 | 价格 | 备注 |
|---|---|---|---|
| 1 | 设计制作费 | 200 元 / 页 × 12=2400 元 | |
| 2 | 数码打样费 | 8 开 12 页 ÷2×6=36 元 | |
| 3 | 封面部分费用 | 纸张费：封面 200 g 铜版纸单价：1.06 × 2 × 0.75=1.6 元，纸张总价格：［（10000 ÷ 8）+30］× 1.6=2048 元<br>胶片费（CTP 不需要）：80 元 / 套（4 开自翻版）<br>PS 版费：PS 版 4 × 100=400 元（4 开自翻版）<br>印工费：［（10000 ÷ 4）÷ 1000］× 20 × 4 × 2=400 元（大于开机费按实际计算）<br>覆膜费：8 开哑光膜单价［（0.889 × 1.194）÷ 8］× 0.5 × 2= 0.13 张，10000 × 0.13 =1300 元<br>小计：4228 元 | 一般为对开机印刷（下同） |

续表

| 序　号 | 项　目 | 价　格 | 备　注 |
|---|---|---|---|
| 4 | 内页部分费用 | 纸张费：封面 157 g 铜版纸单价：1.06×1.57×0.75=1.25 元，纸张总价格：<br>［（10000÷8）+30］×1.25×2=3200 元<br>胶片费（CTP 不需要）：160 元／套 ×2=320 元（4 开正背版）<br>PS 版费：2 套 PS 版 4×100×2=800 元（4 开正背版）<br>印工费：［（10000÷4）÷1000］×20×4×2×4=1600 元（大于开机费按实际计算）<br>上光油费：8 开上光油费用［（10000÷4）÷1000］×20×2×2=200 元<br>小计：6120 元 | |
| 5 | 装订费 | 单价 0.08 元／本，合计：800 元 | 骑马订简装 |
| | 合计 | 13584 元 | |
| | 单价 | 约 1.36 元／本 | |

**实例三　彩色纸箱的价格核算**

1. 印件要求

印数：5000 个；纸张：灰底白版纸 250 g；开度：大对开；印刷方式：4 色胶印；印后加工：覆亮光膜，问彩色纸箱单价是多少？

2. 单项计算（表 5-12）

表 5-12　纸箱价格核算表

| 序　号 | 项　目 | 价　格 | 备　注 |
|---|---|---|---|
| 1 | 设计制作费 | 1000 元 | |
| 2 | 数码打样费 | 350 元／套 | |
| 3 | 胶片费（CTP 不需要） | 160 元／套 | 单面版 |
| 4 | PS 印版费 | 对开 PS 印版 4 张 ×100 元 =400 元／套 | 一般为对开机印刷 |
| 5 | 纸张费 | 灰底白版纸 250 g 单价：1.06×2.5×0.5=1.33 元／张（按 5000 元／吨计算）；纸张总价：［（5000÷2）+100（消耗）］×1.33=3458 元 | |
| 6 | 印工费 | ［（5000÷1000）×35×4=700 元 | |
| 7 | 覆膜费 | 0.53 m² ×0.4×5000 个 =1060 元 | |
| 8 | 模切费 | （5000÷1000）×40=200 元 | |
| 9 | 模切版 | 0.04×5300cm²=212 元 | |
| 10 | 粘裱费 | 裱糊纸盒 按平方计算约 1.3 元／m²<br>0.53 m² ×1.3×5000 个 =3445 元 | 含模切、钉箱 |
| | 合计 | 10985 元 | |
| | 单价 | 2.197 元／个 | |

◆ **实训任务**

1.产品说明书的价格核算

已知印数：8000 份；纸张：157 g 哑光铜版纸；开度：大度 16 开双面；印刷方式：4 色胶印；印后加工：双面哑光覆膜，求产品说明书单价多少？

2.画册的价格核算

已知印数：20000 本；纸张：封面 200 g 亮光铜版纸，内页 157 g 亮光铜版纸；开度：大度 16 开；印刷方式：4 色胶印；印后加工：哑光单面覆膜，内页上光油；页数：24 页（其中内页 20 页），求画册单价多少？

# 6 印刷设计案例赏析

## 6.1 平面媒介类

### 6.1.1 海报类

图 6-1　商业海报图

图 6-2　文化海报图

图 6-3　电影海报图

图 6-4　公益海报图

## 6.1.2　折页类

图 6-5　内三折页图

图 6-6　贺卡图

图 6-7　贵宾卡图

图 6-8　三角形折页图

图 6-9　心形折页图

图 6-10　奶茶杯外型双折页设计图

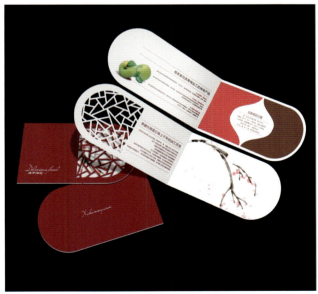

图 6-11　镂空折页设计图

图 6-12　异形宣传单图

图 6-13　钢琴折页图

图 6-14　三折页设计图

图 6-15　异形四折页图

图 6-16　异形二折页图

图 6-17　异形三折页图

## 6.2　书籍、杂志类

图 6-18　骑马钉装订书图

图 6-19　圆背精装书图

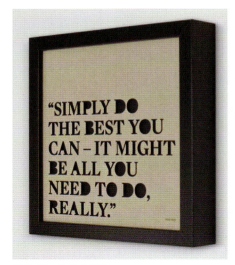

图 6-20　外文书籍图

图 6-21　古韵书籍装帧

图 6-22　传统手工纸书图

图 6-23　中国风书籍图

图 6-24 精装书图

图 6-25 平装书图

图 6-26 线装书图

# 6.3 包装类

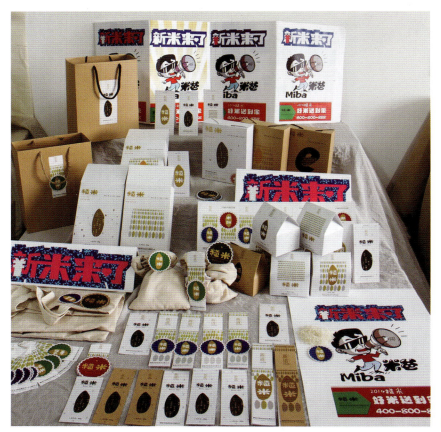

图 6-27 系列包装图

图 6-28 便携式包装图

图 6-29　电子产品包装图

图 6-30　容器包装图

图 6-31　茶叶礼品包装图

图 6-32　天地盖礼品包装图

图 6-33　摇盖包装图

图 6-34　牛皮纸礼品包装图

# 参考文献

[1] 石慧，张晓菲，张晓川. 印刷工艺 [M]. 2版. 南京：江苏凤凰美术出版社，2017.

[2] 余辉，魏猛. 印刷工艺 [M]. 重庆：重庆大学出版社，2018.

[3] 新闻出版总署印刷发行管理司，环境保护部科技标准司. 绿色印刷手册 [M]. 北京：印刷工业出版社，2012.

[4] 胡裕达，张英福. 印谱 V3 [M]. 北京：印刷工业出版社，2013.

[5] 赵德海. 折手与拼版 [M]. 太原：山西科学技术出版社，2012.

[6] 印刷工业出版社编辑部. 印前技术与数字化 [M]. 北京：印刷工业出版社，2013.

[7] 印刷工业出版社编辑部. 印前设计与制作 [M]. 北京：印刷工业出版社，2013.

[8] 刘全香. 数字印刷技术及应用 [M]. 北京：印刷工业出版社，2011.

[9] 赵志强. 印刷综合实训教程 [M]. 北京：印刷工业出版社，2013.

[10] 谢中杰，杨奎. 印前实训 [M]. 北京：印刷工业出版社，2012.